普通高等教育通识类课程教材

计算机基础与应用实践教程

杨　毅　刘立君　张春芳　梁宁玉　姚晓杰　黄海玉　编著

中国水利水电出版社
www.waterpub.com.cn
·北京·

内 容 提 要

本书是《计算机基础与应用》配套使用的一本上机实践教材，其主要内容是《计算机基础与应用》基本理论、基本操作和基本应用相关的具体操作和应用过程。本书从实用出发，以案例为主线，配以丰富的图片示意，帮助学生理解计算机基本知识，培养学生熟练地使用计算机和网络解决实际应用问题的能力。

本书共 7 章：计算机基本操作、Windows 10 操作系统、文字处理软件 Word 2016、演示文稿软件 PowerPoint 2016、电子表格软件 Excel 2016、实用软件介绍、计算机网络基础。

本书适合应用型本科及高职高专院校的学生使用，也可以供对计算机基本应用感兴趣的读者作为自学参考书。

图书在版编目（ＣＩＰ）数据

计算机基础与应用实践教程 / 杨毅等编著. -- 北京：
中国水利水电出版社，2021.6
普通高等教育通识类课程教材
ISBN 978-7-5170-9622-1

Ⅰ．①计… Ⅱ．①杨… Ⅲ．①电子计算机－高等学校
－教材 Ⅳ．①TP3

中国版本图书馆CIP数据核字(2021)第105326号

策划编辑：崔新勃　　责任编辑：陈红华　　加工编辑：高　辉　　封面设计：李　佳

书　　名	普通高等教育通识类课程教材 **计算机基础与应用实践教程** JISUANJI JICHU YU YINGYONG SHIJIAN JIAOCHENG
作　　者	杨　毅　刘立君　张春芳　梁宁玉　姚晓杰　黄海玉　编著
出版发行	中国水利水电出版社 （北京市海淀区玉渊潭南路 1 号 D 座　100038） 网址：www.waterpub.com.cn E-mail：mchannel@263.net（万水） 　　　　sales@waterpub.com.cn 电话：(010) 68367658（营销中心）、82562819（万水）
经　　售	全国各地新华书店和相关出版物销售网点
排　　版	北京万水电子信息有限公司
印　　刷	三河市铭浩彩色印装有限公司
规　　格	184mm×260mm　16 开本　12.25 印张　306 千字
版　　次	2021 年 6 月第 1 版　2021 年 6 月第 1 次印刷
印　　数	0001—3000 册
定　　价	42.00 元

凡购买我社图书，如有缺页、倒页、脱页的，本社营销中心负责调换

前　　言

信息时代发展到今天，正在逐渐向信息智能时代升级，信息化应用已经无处不在。人们在学习、工作和生活的方方面面，都在使用计算机和网络。掌握一定的计算机知识，拥有熟练操作计算机的技能，了解更多的计算机应用，是信息智能时代各种人才的必备技能。

本书是编者在总结多年计算机基础课教学经验和教学改革实践的基础上编写而成的。本书的革新之处在于，引导学生掌握计算机更先进的操作方式和更现代的各种应用。本书内容详尽、通俗易懂，且各章内容都是结合实际案例讲解的，能更好地帮助学生理解计算机基础课理论部分的内容，让学生更熟练地使用计算机和网络解决实际问题，适合学生上机实践时使用和课外自学。

本书共 7 章：

第 1 章以金山打字通为例介绍软件安装和中文输入相关注意事项，通过快捷键和鼠标练习让学生了解计算机的窗口操作、截屏、进制转换等快捷操作方法。

第 2 章介绍 Windows 操作系统的使用。本章以新一代跨平台及设备应用的 Windows 10 操作系统为对象，主要介绍其基本操作、资源管理和设置。

第 3 章介绍 Word 文字处理软件的使用。本章以各种实例介绍 Word 2016 的基本编辑与图文混排操作，以及各种快捷操作和新功能的使用技巧。

第 4 章介绍 PowerPoint 演示文稿软件的使用。本章从学生在工作及就业环节展示自己等需要出发，以实用为目的介绍幻灯片的制作、播放等一系列的操作。

第 5 章介绍 Excel 电子表格软件的使用。本章主要介绍基本数据的录入和美化、使用公式和函数进行数据处理、应用数据管理功能及图表进行数据分析等操作和应用。

第 6 章介绍实用软件的使用。本章主要介绍在线协作文档、录屏和视频编辑、思维导图和电子笔记这 4 方面比较有代表性的 4 款实用工具软件的功能。

第 7 章介绍计算机网络。本章通过实例说明网络的基本应用，对浏览器的使用、收发电子邮件、网络搜索引擎的使用、常用软件的下载、网上学习等常见的网络应用都进行详细的说明。

本书由杨毅、刘立君、张春芳、梁宁玉、姚晓杰、黄海玉编著。其中杨毅编写第 1 章和第 6 章，刘立君编写第 2 章，黄海玉编写第 3 章，梁宁玉编写第 4 章，姚晓杰编写第 5 章，张春芳编写第 7 章。

本书在编写过程中使用了大量教学环节中的教案，参考了大量的资料，在此对各位老师表示感谢。由于编者水平有限及时间仓促，书中难免会有不足和疏漏之处，恳请广大读者批评指正。

编　者
2021 年 4 月

目　　录

第 1 章　计算机基本操作

 本章实践的基本要求：

- 了解小型应用软件的下载和安装，并熟悉其功能。
- 了解规范的指法，熟练掌握一种汉字输入方法。
- 熟悉键盘功能键及 Windows 10 中常用快捷键的使用。
- 熟练掌握使用鼠标或快捷键进行计算机的基本操作。
- 了解"计算器"和"任务管理器"的功能。

实践 1　金山打字通的使用

一、实践目的

1. 了解"金山打字通"软件的下载、安装方法，和汉字输入法学习教程的使用。
2. 掌握如何使用"金山打字通"软件进行中/英文录入练习。
3. 了解"搜狗"输入法的功能，熟练掌握中文标点、特殊符号的录入方法。

二、实践准备

1. 下载并安装金山打字通 2016 软件，操作过程如下：

（1）在浏览器的地址栏输入网址 http://www.51dzt.com，进入如图 1-1 所示的金山打字通官网首页。

图 1-1　金山打字通官网首页

（2）单击"免费下载"按钮，在浏览器底部弹出如图 1-2 所示的对话框。如果要在线安装单击"运行"按钮；若要将安装文件下载到本地计算机后再安装，则单击"保存"按钮。此处单击"保存"按钮，开始下载安装文件。

图 1-2   单击"免费下载"按钮后弹出的对话框

（3）下载完成后会弹出如图 1-3 所示的对话框。单击"运行"按钮运行下载的安装文件，开始安装；单击"打开文件夹"按钮则会打开"下载"文件夹窗口，如图 1-4 所示。此安装文件被下载到"此电脑"的"下载"文件夹下，可以将安装文件移动或复制到目标文件夹再运行安装。

图 1-3   单击"保存"完成下载后弹出的对话框

图 1-4   "下载"文件夹窗口

（4）双击安装文件 typeeasy.22055.12012.0.exe，开始安装。首先弹出"安全警告"对话框，提示运行文件的名称、发行商、来源（发送方）及风险提示等信息，如果安装文件来源明确，单击"运行"按钮继续安装。此时出现如图 1-5 所示的安装向导欢迎界面，单击"下一步"按钮继续安装。

（5）在"许可协议和隐私政策"界面，按提示要求阅读"许可协议和隐私政策"原文，然后单击"我接受"按钮，继续安装。此时会弹出的"WPS Office 校园版"的选择安装界面，如果不想安装附加的 WPS 软件，单击复选框前的对号☑取消选择，如图 1-6 所示，再单击"下一步"按钮。

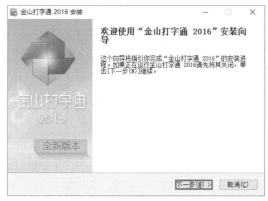
图 1-5　安装向导欢迎界面

图 1-6　"WPS Office 校园版"的选择安装界面

（6）选择安装位置。在如图 1-7 所示的"选择安装位置"界面，目标文件夹指示的就是金山打字通安装后所在文件夹的路径。如果不想安装到默认的 C:盘文件夹下，可以单击"浏览"按钮，在打开的浏览对话框选择目标位置的盘符和文件夹。通常情况安装软件时都会经过选择安装位置这一步，用户一般选择将软件安装到系统盘（C:盘）之外的其他磁盘（如 D:盘）按类别存放。以免出现系统盘剩余空间不足或重装系统文件丢失的问题。若无此顾虑，则无须转换目标位置。

（7）按照安装向导的提示操作，直到完成安装。凡是有复选框的界面，要仔细查看选项内容，根据实际需要勾选或取消勾选。如图 1-8 所示的"软件精选"界面，根据安装者需要只勾选了两个软件。若都不需要可以全部取消勾选。完成安装后，安装文件若不用保留则可以删除。

图 1-7　"选择安装位置"界面

图 1-8　带复选框的"软件精选"界面

2．下载"搜狗"拼音输入法的网址为 https://pinyin.sogou.com。

3．下载"搜狗"五笔输入法的网址为 https://wubi.sogou.com。

三、实践内容及步骤

【案例 1】了解规范指法进行打字练习。

通过金山打字通软件，了解键盘上各种键位的名称和功能，掌握规范的打字指法，学习一种汉字输入法，提高录入速度。

操作要求：

（1）打开金山打字通文档，仔细阅读"打字教程"。

（2）通过"打字教程"中的"新手篇-认识键盘"了解键位名称和功能。

（3）掌握规范的指法，通过"英文打字"练习提高速度。

（4）通过"打字教程"中的"高级篇"了解汉字输入法（拼音或五笔）。

（5）通过首页的"拼音打字"或"五笔打字"练习提高速度，最后进行"打字测试"。

操作过程与内容：

（1）启动"金山打字通"并登录。将鼠标指针移动到计算机桌面金山打字通的图标上，快速连按两下鼠标左键，即双击图标将其打开。如果初次使用金山打字通，会出现如图1-9所示的界面，第一步创建一个昵称（自己命名并输入）。单击"下一步"按钮，出现如图1-10所示的界面，单击"绑定"按钮，在出现的对话框中按要求绑定QQ，如果不想绑定则直接关闭对话框，开始使用。

图1-9　Step1：创建昵称　　　　　　图1-10　Step2：绑定QQ

（2）进入打字教程进行学习。在金山打字通首页右下方功能区的多个按钮中，单击第二个"打字教程"，如图1-11所示。

图1-11　金山打字通首页的功能区按钮

进入"打字教程"后，根据自己的打字熟练程度选择相应的内容阅读。建议初学者从"新手篇-认识键盘"开始，仔细阅读了解键盘上各种功能键的作用。在如图1-12所示的打字教程界面，左侧为教程目录，单击目标项后面的加号按钮⊞，可展开查看子目录项；单击减号按钮⊟，会折叠、隐藏子目录项。阅读完当前页面内容后，单击右下角的"下一页"按钮继续学习。

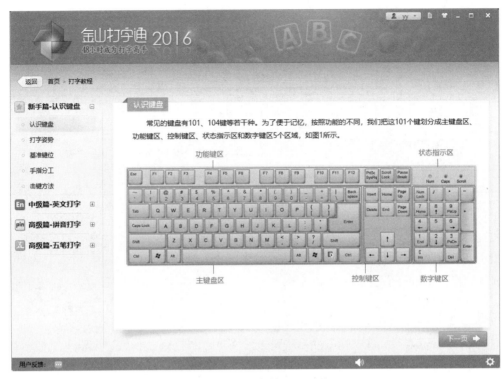

图 1-12　"打字教程"界面

（3）键盘上的功能键介绍。学习打字教程的过程中，注意对照表 1-1 的内容，重点学习这些常用功能键的作用。表中功能键的作用是指在 Windows 系统的一般状态、命令状态或编辑状态下的作用，而且在不同的软件环境和状态下，同一功能键的作用不尽相同，表中仅为举例说明。在学习和使用过程中要注意区别环境和状态。

表 1-1　键盘上常用功能键的名称及作用

功能键名称	作用	功能键名称	作用
Esc 取消键	取消当前任务	Enter 回车键	执行命令或在编辑状态下将光标移至下一行
F1	显示帮助	Backspace 退格键	删除光标左侧字符
F2	重命名选定项目	Delete 删除键	删除光标右侧字符，或删除选中的对象
F3	搜索文件	Insert 插入键	插入与改写状态转换
F4	在浏览器中打开地址栏列表	Shift 换档键	主键盘区大小写字母输入状态转换
F5	刷新	Ctrl 控制键	需要和其他键组合使用
F6	在浏览器中快速定位地址栏	Alt 转换键	需要和其他键组合使用
F7	在"命令提示符"窗口调用历史指令	⊞ Windows 徽标键	需要和其他键组合使用
F8	用于计算机启动,调用启动的高级菜单	CapsLock　大写字母锁定键	指示灯亮为大写字母输入状态

续表

功能键名称	作用	功能键名称	作用
F9	部分主板开机引导	NumLock 数字锁定键	指示灯亮数字键盘区为数字输入状态
F10	功能较少	PrintScreen 印屏键	将当前屏幕内容复制到剪贴板或打印输出
F11	浏览器等窗口打开/关闭全屏显示	Pause 或 Break 暂停键	暂停当前执行的命令或程序
F12	部分主板开机引导	Tab 跳格键	Windows 中切换屏幕上的焦点

（4）掌握规范的指法，提高英文录入速度。在金山打字通首页，单击"新手入门"教程，学习并掌握规范的指法，通过测试进一步熟悉键盘。之后，在金山打字通的首页，单击"英文打字"，进行英文盲打练习。

规范的指法、准确的击键是提高输入速度和正确率的基础。在平时的指法训练中要注意坐姿端正、指法规范，且不看键盘练习盲打，而不要盲目追求速度。

（5）掌握一种汉字输入法，提高中文录入速度。

1）学习使用输入法。五笔输入法教程可以参考"打字教程"中"高级篇-五笔打字"中的内容。"搜狗"五笔输入法状态栏如图 1-13 所示。此外，还可以到输入法的官方网站上深入学习教程。以"搜狗"拼音输入法为例，在如图 1-14 所示的"搜狗"拼音输入法状态栏中，将鼠标指针移至"工具箱" 🔡 上，右击，在如图 1-15 所示的快捷菜单中选择"关于搜狗"→"帮助中心"命令。

图 1-13   "搜狗"五笔输入法状态栏

图 1-14   "搜狗"拼音输入法状态栏

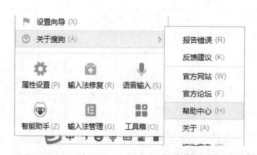

图 1-15   "搜狗"输入法工具箱的快捷菜单

2）了解输入法工具栏。在"搜狗"拼音输入法状态栏中，从左至右各选项的功能依次为自定义状态栏、中/英文输入状态切换、中/英文标点状态切换、表情、语音输入、输入方式、登录信息、皮肤盒子、工具箱。在"输入方式" ⌨ 选项上单击，可以选择"语音输入""手写输入""特殊符号"和"软键盘" 4 个选项，如图 1-16 所示。使用"特殊符号"或"软键盘"可以输入一些普通键盘上没有的符号，如数字序号（Ⅳ Ⅲ ①）、数学符号（≠ ≤ × ÷ √）、希腊字母（α β γ δ）等。

图 1-16 "输入方式"列表

3）语音输入功能：搜狗拼音的语音输入🎤功能非常符合现代人的使用习惯，是智能化的体现。如图 1-17 所示，从语音输入的状态和效果看，操作方便，语音识别的准确率也非常高。

图 1-17 语音输入状态和效果示例

4）使用"软件盘"录入特殊符号。直接在汉字输入法工具栏的软键盘图标⌨上右击，可以看到软键盘的类别列表，如图 1-18 所示。将鼠标指针移动到某种软键盘类别如"数字序号"上，单击将其打开，其内容如图 1-19 所示。输出软键盘键位下方的字符时（如Ⅵ），可以直接单击软键盘上的键位，也可以直接在计算机键盘上按相应的键位。输出软键盘键位上方的符号时（如⑥），要注意先按下 Shift 键，再选择其他键位。

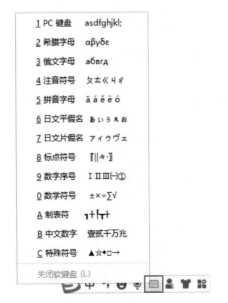

图 1-18 软键盘的类别列表

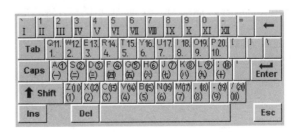

图 1-19 "数字序号"对应的软键盘

（6）中文标点符号的输入。有些中文标点符号的输入键位需要特殊记忆，表 1-2 列出了常用中文标点所在的键位。使用时要注意如果对应的是上方键位，需要先按住 Shift 键。如输入 "……" 时，先按住 Shift 键再按主键盘上的数字 6 键。

表 1-2   常用中文标点符号的键位表

中文标点	键位	中文标点	键位	中文标点	键位
。	.	，	,	：	:
？	?	！	!	……	^
" " 号	"	《 》	< 和 >两个键	、	\

四、实践练习

1. 你习惯用哪种中文输入法？按下面要求写出输入法切换的快捷键。

我使用的中文输入法：

该输入法的快捷键如下：

（1）中/英文输入切换：_____。 （2）中/英文标点状态切换：_____。

（3）输入法之间切换：_____。 （4）全角/半角状态切换：_____。

2. 使用汉字输入法中的 "软键盘" 输入以下特殊字符，按类别输入具体内容不限。

（1）希腊字母：αβγδεζηθιΚΛΣΤΥΦΧΨΩ

（2）俄文字母：АБВГДрстуфЪЫЩШЧЦ

（3）拼音字母：āáǎàēéěèūúǔùü

（4）日文平假名：サシスセソタチパピプペポバビ

（5）标点符号：々～‖…—·¨｜』『〖〗｛｝

（6）数字序号：11.12.13.14.15.①②③④⑤（一）（二）（三）（四）（五）(1)(2)(3)(4)(5)⑯⑰⑱⑲⑳

（7）数学符号：±×÷≈≠≌≤≥★☆∵∴⊥∥∠⌒⊙△∽√∧∨

（8）特殊符号：§№☆★◎‰℃€□△▲→←※@＿￣—♂♀

3. 在学习过程中分阶段进行中文打字测试，力争达到优秀的标准。

中文录入速度的课程要求如下：

（1）使用金山打字通的 "打字测试" 功能录入测试用文章，要求正确率为 100%，时间不少于 3 分钟。

（2）平均速度要求：平均每分钟 30～40 个字为及格、41～50 个字为中等、51～60 个字为良好，60 个字以上为优秀。

（3）平时多加练习，在课程结束之前每周测试一次，记录自己的进步。

五、实践思考

1. 练习盲打、提高中文录入速度的好方法有哪些？

2. 智能的语音输入方式能否替代键盘打字？

实践 2　快捷键与鼠标应用

一、实践目的

1．了解 Windows 10 中常用快捷键的功能和应用。
2．熟练使用鼠标进行窗口操作和应用程序操作。
3．熟练掌握使用快捷键在计算机屏幕上截取图片到剪贴板等简单操作。
4．熟悉 Windows 附件中的写字板、画图等应用。
5．掌握使用"计算器"实现进制转换的方法，了解"任务管理器"的功能。

二、实践准备

1．Windows 10 系统中的常用快捷键

快捷键是使用键盘上某一个键或某几个键的组合完成一项功能，从而达到提高操作速度的目的。善于使用快捷键，除了可以更快捷地使用计算机，也可以由新手升级到高手。下面列出了一部分 Windows 10 的快捷键，大家在学习的过程中要不断积累并习惯使用快捷键。

（1）带 Windows 徽标键❖的快捷键。在"Microsoft 自然键盘"或包含 Windows 徽标键的其他兼容键盘中，可以使用以下快捷键。

❖：显示或隐藏"开始"菜单。

❖+F1：显示"帮助"。

❖+D：显示计算机桌面，或还原显示桌面前的屏幕状态。

❖+M：最小化所有窗口。

❖+R：打开"运行"对话框。

❖+E：打开"Windows 资源管理器"窗口（即"此电脑"或"计算机"）。

❖+S：搜索、激活 Cortana（微软小娜）。

❖+V：打开云剪贴板。

❖+;：调出 Emoji 表情。

❖+Tab：在打开的项目之间切换。

❖+↑：最大化窗口。

❖+←：将窗口左移。

❖+→：将窗口右移。

❖+↓：最小化窗口。

❖+Shift+S：截取屏幕。

（2）带 Ctrl 键的快捷键。

Ctrl+C：复制。

Ctrl+X：剪切。

Ctrl+V：粘贴。

Ctrl+Shift+N：新建文件夹。

Ctrl+Shift+←：以管理员身份运行。

Ctrl+Shift+Esc：打开任务管理器。

Ctrl+Shift+Delete：安全选项列表。

Ctrl+W：关闭当前窗口。

Ctrl+F：定位到"搜索框"。

（3）带 Alt 键的快捷键。

Alt+PrintScreen：截取当前窗口到剪贴板。

Alt+Tab：切换当前窗口。

Alt+F4：关闭当前窗口。

Alt+D：定位到地址栏。

Alt+←：查看上一个文件夹。

Alt+→：查看下一个文件夹。

Alt+↑：查看父文件夹。

（4）带 Shift 键的快捷键。

Shift+右击目录：在此处打开命令行窗口选项。

Shift+右击文件：发送到菜单。

Shift+单击任务栏（已经打开的）图标：打开新窗口。

2．组合快捷键的操作方法。

（1）两个键的组合键操作。

以 ⊞+D 为例，按键方法为先按住 Windows 徽标键，再按字母 D 键，然后自然松开按键。

（2）三个键的组合键操作。

以 Ctrl+Alt+Delete 为例，按键时先按住比较近的两个键（Ctrl 和 Alt），另一只手按下第三个键（Delete），然后自然松开按键。

三、实践内容及步骤

【案例 1】打开文件夹或应用程序进行窗口操作。

在 Windows 10 中打开多个文件夹窗口或应用程序窗口，使用鼠标和快捷键操作，排列窗口或选择区域。

操作要求：

（1）了解使用"开始"菜单和"搜索框"打开应用程序的基本操作。

（2）熟练使用鼠标拖拽、单击、双击进行窗口的基本操作。

操作过程与内容：

（1）了解"此电脑"的属性。

1）打开"此电脑"的"属性"窗口：按快捷键 ⊞+D 显示计算机桌面，将鼠标指针移动到"此电脑"图标上，右击，在如图 1-20 所示的快捷菜单中，单击"属性"，打开如图 1-21 所示的"属性"窗口。

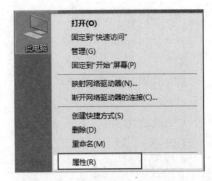

图 1-20　"此电脑"快捷菜单

图 1-21 "此电脑"的"属性"窗口

2）了解计算机性能：在"属性"窗口注意查看"系统"中的"处理器"和"已安装的内容（RAM）"信息，了解所使用计算机的 CPU 型号、主频和内存大小。

（2）打开两个资源管理窗口，进行基本的窗口操作。

1）打开两个资源管理窗口。双击"此电脑"图标，打开"此电脑"窗口。如图 1-22 所示，在"此电脑"窗口找到"图片"文件夹（或者在窗口左侧的"导航窗格"单击"此电脑"找到"图片"）右击，在快捷菜单中选择"在新窗口中打开"命令。

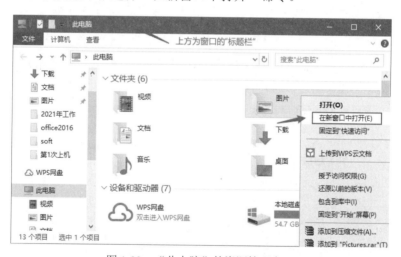

图 1-22 "此电脑"的资源管理窗口

2）切换当前窗口。在"此电脑"窗口和"图片"文件夹窗口的任意位置单击可以在两个窗口之间切换。按住窗口的标题栏可以将窗口拖放到任意位置。

3）改变窗口大小。单击"图片"窗口右上角的 ▬ 按钮最小化窗口，单击任务上的"画图"标志显示窗口，单击窗口右上角的 ▢ 按钮最大化窗口，之后单击 ▢ 按钮还原窗口。将鼠标指针放在窗口的边框上，当鼠标指针变成双向箭头形状时按住左键拖拽可以调整窗口大小。

4）左/右半屏显示窗口。按住"此电脑"窗口将其拖放到窗口左侧，直至鼠标指针碰到左边界后松开鼠标，此时该窗口在左半屏显示。同样将"图片"拖放至窗口的右半屏显示。

（3）在"开始"菜单打开"写字板"和"截图工具"等应用。单击任务栏上的"开始"按钮，单击"开始"菜单上的任意一个索引字母，如图 1-23 所示，之后在索引列表中单击字母 W，找到开始菜单中的"Windows 附件"，单击打开如图 1-24 所示的菜单项列表，单击其中的"写字板"将其打开。用同样的方法打开"画图"和"截图工具"。

图 1-23　在"开始"菜单中单击索引字母　　　图 1-24　"Windows 附件"菜单项列表

（4）使用"搜索框"查找并打开"控制面板"。按快捷键 ⊞+S 打开 Windows 的"搜索框"，输入"控制面板"，在出现的"控制面板"应用上单击，将其打开，如图 1-25 所示。

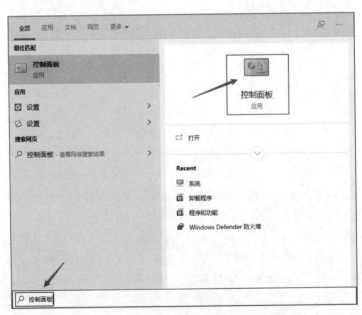

图 1-25　在"搜索框"查找并打开"控制面板"

（5）排列窗口。按上述过程操作至少打开了 6 个窗口，在任务栏单击被最小化的窗口，将它们全部显示在桌面上。在任务栏的空白处右击，在如图 1-26 所示的快捷菜单中选择图示区域中的选项，单击"层叠窗口"排列窗口，效果如图 1-27 所示。用同样的方法了解"堆叠显示窗口"等其他选项的执行效果。

图 1-26　任务栏的快捷菜单

图 1-27　执行"层叠窗口"后的效果

【案例 2】应用 Windows 10 的快捷键截取屏幕等操作。

在编辑文档或网上交流、学习时，常常需要截取计算机屏幕上的内容。截屏的操作方法很多，常用的办公软件自带截屏功能，也有非常简便、易学的专用工具软件。下面介绍 Windows 10 自带的截屏方法。

操作要求：

（1）使用快捷键 PrintScreen、Alt+PrintScreen、⊞+Shift+S 从屏幕截取图片到剪贴板。

（2）将截取的屏幕图片保存成图形文件。

（3）将截取的屏幕图片粘贴到指定文件中，了解剪贴板的功能。

操作过程与内容：

（1）用 PrintScreen 键截取"桌面"全屏并保存。

1）截取全屏并粘贴到"画图"中编辑。按快捷键 ⊞+D 显示桌面，按 PrintScreen 键将桌面截取到剪贴板。将"画图"窗口显示在桌面上且为当前活动窗口，按快捷键 Ctrl+V 粘贴截取的桌面图片到"画图"的编辑区域。此时可以对截取的图片进行编辑，如图 1-28 所示，在桌面上又粘贴了一个"文件"菜单截图和一个"另存为"对话框截图。

2）保存文件。如图 1-28 所示，在"画图"中保存文件的操作步骤：单击"文件"菜单，之后单击"保存"按钮，在弹出的"保存为"对话框中确认保存的位置为"图片"文件夹，输入文件名如"图1"，如没有特殊要求默认的保存文件类型为 PNG 的图形文件，单击"保存"按钮完成保存。

提示：PNG 是一种无损压缩的位图图形格式，称为"可移植网络图形格式文件"。

图 1-28　在"画图"窗口编辑和保存图片文件示例

（2）用快捷键 Alt+PrintScreen，截取"文件资源管理器"窗口。

1）截取当前窗口。按快捷键 ⊞+E 打开"文件资源管理器"窗口。将其窗口的长和宽调整为屏幕的二分之一左右，按快捷键 Alt+PrintScreen，截取当前窗口到剪贴板。

2）粘贴到"写字板"。在"任务栏"单击"写字板"图标，显示"写字板"窗口，在编辑区域定位光标处为插入点，按快捷键 Ctrl+V，将截取的窗口图片粘贴到写字板中。

提示：如果要删除写字板中的图片，先选中图片，按删除键 Delete 即可。

（3）用快捷键 ⊞+Shift+S，截取桌面上的"此电脑"图标。按快捷键 ⊞+D 显示桌面，先按住 ⊞+Shift 再按 S 键进入截屏状态，按住鼠标左键框选"此电脑"图标，如图 1-29 所示。将截取的图标粘贴到"写字板"中。

提示：从用快捷键 ⊞+Shift+S 截屏出现的工具栏可以看出，它不仅可以截取矩形区域，还可以实现任意形状截图 ◔、窗口截图 ▢ 和全屏幕截图 ▣。Windows 10 的"截图工具"应用正在向快捷键 ⊞+Shift+S 的功能上迁移，也许某一天在"Windwos 附件"

图 1-29　框选截屏区域

的菜单项列表中再也看不到"截图工具"的身影。

（4）使用快捷键 +V 显示"剪贴板"。经过上面的 3 次截屏操作，按快捷键 +V 时会在屏幕右下角的位置出现如图 1-30 所示的"剪贴板"界面。在"剪贴板"界面可以选择一个项目以粘贴，否则默认的粘贴项为最近一次放到"剪贴板"上的内容。

图 1-30　"剪贴板"界面

提示：剪贴板是内存中的一块区域，通过剪贴板，可以在各种应用程序之间传递和共享信息。剪贴板上可以存放的信息种类是多种多样的。剪切或复制时保存在剪贴板上的信息，只有再剪贴或复制另外的信息，或停电，或退出 Windows，或有意清除时，才可能更新或清除其内容，即剪贴或复制一次，就可以粘贴多次。

（5）使用 Alt+Tab 和 Alt+F4 两组快捷键切换并关闭当前窗口。首先，按快捷键 Alt+Tab，出现如图 1-31 所示的切换面板时，按 Tab 键跳转到需要的窗口，释放 Alt 键显示所选窗口，即选定了当前窗口。然后，按快捷键 Alt+F4 将其关闭。如果应用程序中的文件还没保存会出现如图 1-32 所示的提示信息，根据需要选择"保存"或"不保存"。若选择"保存"则需要指定保存的位置和文件名等信息。

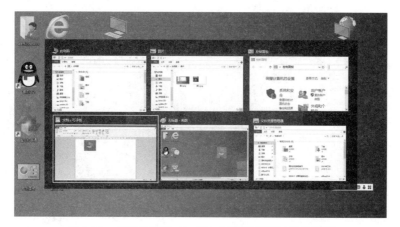

图 1-31　使用快捷键 Alt+Tab 切换当前窗口时的界面

图 1-32　关闭有未保存文件的窗口时的提示信息

提示： 如果想快速关闭多个窗口，可以连续按快捷键 Alt+F4，直至提示将关闭计算机。但在关闭文档窗口时一定要注意将重要的文档先保存到磁盘上。

【案例 3】 应用 Windows 中的计算器实现进制转换。

在 Windows 10 中使用计算器实现二进制、八进制、十六进制和十进制整数之间的转换。

操作要求：

（1）将十六进制数 FEDCBA987654321 转换为其他进制数。

（2）了解十六进制数与其他进制数之间的对应关系。

（3）熟练掌握进制转换方法，验证进制转换规则。

操作过程与内容：

（1）打开"计算器"。

方法 1：单击"开始"按钮 ⊞，在"开始"菜单中通过字母索引找以 J 开始的菜单项，找到后单击"计算器"将其打开。

方法 2：按快捷键 ⊞+S 打开"搜索框"，在"搜索框"中输入"计算器"，找到其应用并单击将其打开。

（2）将"计算器"的模式切换为科学型。如图 1-33 所示，单击功能按钮 ☰，再单击"程序员"。

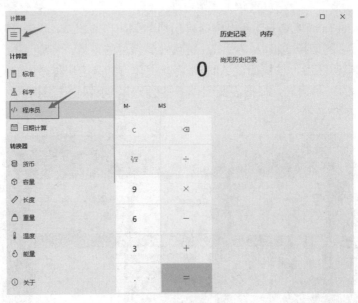

图 1-33　在计算器中选择"程序员"模式

（3）选择输入进制，实时转换。如图 1-34 所示，如果要将十六进制数转换为其他进制数，首先确认当前输入的数制为十六进制（HEX 前有个小矩形），在进制标识处单击可以进行切换。

然后在输入面板上按数码按键如 FEDCBA987654321，转换结果在输入过程中实时在进制标识处呈现。

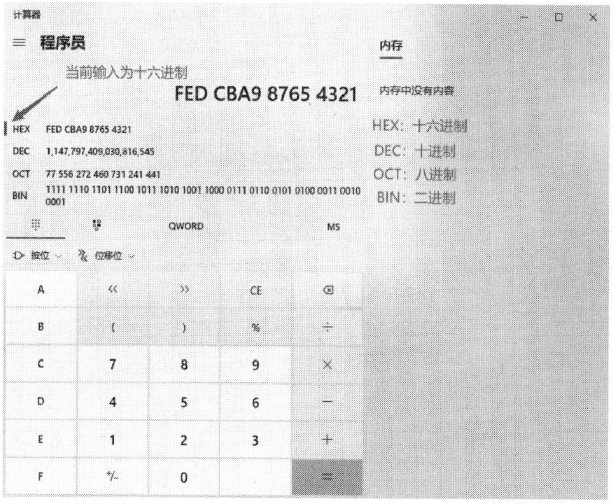

图 1-34　十六进制数转换其他进制数的操作界面

【案例 4】打开"任务管理器"窗口进行操作。

Windows 系统中的"任务管理器"是管理应用程序和进程的工具。用户在"任务管理器"中能查看当前运行的进程，以及有关计算机性能和运行软件的信息，包括运行进程的名称、CPU 负载、内存使用、I/O 情况、已登录的用户和 Windows 服务。"任务管理器"也可以用来设置进程优先级、处理器相关性、启动和停止服务、强制终止进程。

操作要求：

（1）使用快捷键 Ctrl+Alt+Delete 打开"任务管理器"。

（2）了解计算机的运行性能、应用历史记录、当前用户等信息，进一步了解 CPU、内存、磁盘的作用，理解计算机的工作原理。

（3）掌握结束进程的操作方法。

（4）掌握禁用非必要开机启动项的操作。

操作过程与内容：

（1）了解"任务管理器"窗口中显示的信息。

1）打开"任务管理器"。按快捷键 Ctrl+Alt+Delete，并单击"任务管理器"，之后在如图 1-35 所示的界面单击左下角的"详细信息"，展开"任务管理器"窗口。

2）了解系统的运行信息。选择"性能""用户"等选项卡，了解系统的运行信息，如图 1-36 所示。在"性能"选项卡，可以看到 CPU 的运行情况，如利用率、速度、运行的进程数等，以及内存使用情况、磁盘读写速度和 WiFi 收发信息的速率等信息。播放一段视频等边操作边注意观察"任务管理器"中 CPU、内存、磁盘和 WiFi 的使用情况。

图 1-35　"任务管理器"的初始界面

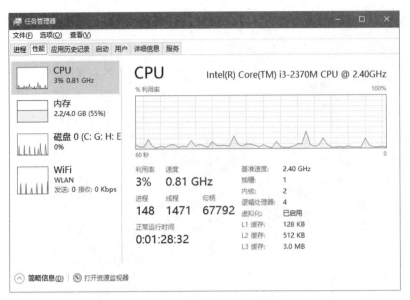

图 1-36　"任务管理器"的"性能"选项卡

（2）在"任务管理器"中结束进程。

结束后台运行的两个进程：Microsoft Store（微软应用商店）和"设置"。如图 1-37 所示，在"任务管理器"的"进程"选项卡的进程列表中找到 Microsoft Store，单击将其选中，单击右下角的"结束任务"按钮，将其关闭。用类似的方法可以关闭"设置"。

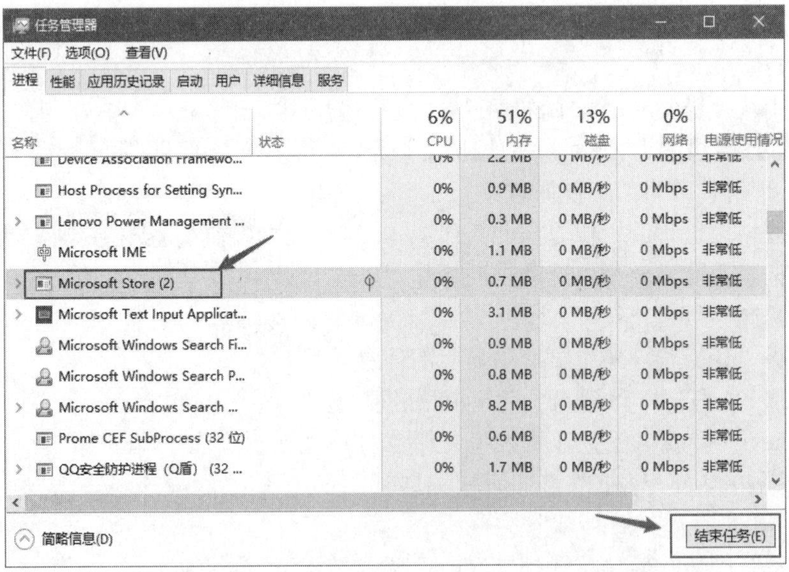

图 1-37　在"任务管理器"中结束任务操作

（3）结束非必要的开机启动项。如图 1-38 所示，在"任务管理器"的"启动"选项卡中，找到要关闭的开机启动项（如金山打字通 TypeEasy），单击右下角的"禁用"按钮，禁止其开机时自动启用。此外，还可以在"启动"选项卡所选项上右击，在弹出的快捷菜单中会显示"禁用"等更多操作。

图 1-38　在"任务管理器"中禁用开机启动项

四、实践练习

1．在学习的过程中注意积累快捷键，把本次上机记住的快捷键名称及功能记录下来。

快捷键名称：＿＿＿＿＿＿＿＿＿，功能：＿＿＿＿＿＿＿＿＿。

快捷键名称：＿＿＿＿＿＿＿＿＿，功能：＿＿＿＿＿＿＿＿＿。

快捷键名称：＿＿＿＿＿＿＿＿＿，功能：＿＿＿＿＿＿＿＿＿。

快捷键名称：＿＿＿＿＿＿＿＿＿，功能：＿＿＿＿＿＿＿＿＿。

快捷键名称：＿＿＿＿＿＿＿＿＿，功能：＿＿＿＿＿＿＿＿＿。

快捷键名称：＿＿＿＿＿＿＿＿＿，功能：＿＿＿＿＿＿＿＿＿。

2．使用"计算器"进行进制转换练习。

（1）将十进制数 1024、256、255、254、65、64、63、999 转换成其他进制数。

（2）将十六进制数 ABCDEF123456789、3FC、A8、737、808、90F 转换成其他进制数。

（3）将八进制数 1024、256、255、707、456 转换成其他进制数。

（4）将二进制数 1010、11001101、111011010111、0111011001010100 转换成其他进制数。

3．扩展练习：除了使用 Windows 10 的快捷键截屏之外还有哪些截图工具软件，下载并练习操作。

提示：Snipaste 是一款 Windows 平台上免费而且功能超强的同时具备截图和贴图两项功能的工具软件。登录微软账号后直接在应用商店中搜索 Snipaste 下载安装即可；或者在其官网（https://zh.snipaste.com）下载并安装使用，图 1-39 为在微软应用商店中下载 Snipaste 的操作界面。

图 1-39   在微软应用商店下载 Snipaste

五、实践思考

1. 启动应用程序（如"画图"）的操作方法有哪些？

2. 下载软件的途径有哪些？使用下载的安装文件包安装软件后，若将安装文件包删除会不会影响软件的使用？

3. 使用计算机的过程中有时会出现某些应用程序的状态为"无法响应"，用正常的方法不能将其关闭，能否在"任务管理器"中使用"结束任务"将其关闭？

第 2 章　Windows 10 操作系统

　本章实践的基本要求：

- 熟练掌握 Windows 基本操作。
- 熟练掌握 Windows 文件/文件夹等资源管理。
- 掌握 Windows 有关系统设置。

实践 1　Windows 10 的基本操作

一、实践目的

1. 掌握 Windows 10 的启动与退出方法。
2. 掌握 Windows 10 中应用程序的启动、退出及切换方法。
3. 掌握 Windows 10 快捷方式的创建方法及桌面图标排列方式。

二、实践内容及步骤

1. Windows 10 的启动与退出

（1）启动 Windows 10 操作系统。打开主机电源后，计算机的启动程序先对机器进行自检，通过自检后进入 Windows 10 操作系统界面，屏幕出现 Windows 10 桌面。

（2）重新启动 Windows 10。单击桌面左下角的"开始"菜单图标⊞，打开"开始"菜单，再单击"电源"选项⏻，弹出如图 2-1 所示的菜单列表，选择"重启"命令，Windows 10 重新启动成功，屏幕出现 Windows 10 桌面。重启之前系统会将当前运行的程序关闭，并将一些重要的数据保存起来。

图 2-1　"电源"菜单列表

（3）睡眠模式。单击如图 2-1 所示菜单中"睡眠"命令，计算机就会在自动保存完内存数据后进入睡眠状态。

当用户按一下主机上的电源按钮，或者晃动鼠标，或者按键盘上的任意键时，都可以将计算机从睡眠状态中唤醒，使其进入工作状态。

（4）注销计算机。单击桌面左下角的"开始"菜单图标，打开"开始"菜单，再单击"账户"菜单图标✧，在其菜单列表中选择"注销"命令，如图 2-2 所示。Windows 10 会关闭当前用户界面的所有程序，并出现登录界面让用户重新登录。

（5）锁定计算机。单击如图 2-2 所示菜单列表中的"锁定"命令，锁定后屏幕的右下角会出现"解锁"图标。当单击解锁图标时，会出现用户登录界面，必须输入正确的密码才能正常操作计算机。

（6）关闭 Windows 10。单击如图 2-1 所示菜单列表中的"关机"命令，这时系统会自动将当前运行的程序关闭，并将一些重要的数据保存，之后关闭计算机。

2. Windows 10 中应用程序的启动、退出及切换方法

（1）应用程序的启动。

【案例 1】启动"写字板""此电脑"和 Microsoft Word 等应用程序。

图 2-2   "账户"菜单列表

操作方法如下：

1）使用"开始"菜单启动"写字板"应用程序。选择"开始"→"Windows 附件"→"写字板"命令，即可打开"写字板"程序，如图 2-3 所示。

2）使用桌面快捷方式图标启动 Microsoft Word。双击桌面 Microsoft Word 快捷方式图标，即可打开 Word 应用程序，如图 2-4 所示。

图 2-3   使用"开始"菜单启动

图 2-4   使用桌面快捷方式图标启动

3）使用快捷菜单启动"此电脑"应用程序。右击"此电脑"图标，在弹出的快捷菜单中选择"打开"命令，即可打开"此电脑"，如图 2-5 所示。

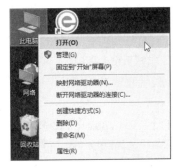

图 2-5　使用快捷菜单启动

（2）应用程序窗口之间的切换。

【案例 2】将"写字板""画图""此电脑"和 Word 文档多个应用程序窗口打开，进行活动窗口切换。

操作方法如下：

1）用鼠标切换。单击任务栏上对应的应用程序图标"画图"，"画图"应用程序变成活动窗口，这样就可以使用"画图"程序了。

2）用键盘进行切换。用快捷键 Alt+Tab 切换。同时按下快捷键 Alt+Tab，屏幕上出现切换缩略图，如图 2-6 所示。按住 Alt 键并保持，然后通过不断按下 Tab 键在缩略图中选择需要打开的窗口。选中后，释放 Alt 和 Tab 两个键，选择的窗口即为当前活动窗口。

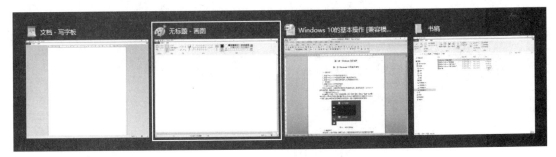

图 2-6　切换缩略图

（3）退出应用程序。

【案例 3】将图 2-6 中的多个应用程序"写字板""画图""此电脑"及 Word 文档关闭。

1）单击"写字板"标题栏右侧"关闭"按钮✕，关闭"写字板"。

2）单击"画图"程序标题栏左侧的控制菜单图标，如图 2-7 所示。在弹出的控制菜单中选择"关闭"命令，关闭"画图"程序。

图 2-7　控制菜单

操作提示：对于所有应用程序来说，控制菜单都是相同的。

3）双击"画图"程序标题栏左侧的控制菜单图标，也可以关闭"画图"程序。

4）同时按下 Alt 键和 F4 键，关闭 Word 文档。

3. Windows 10 中快捷方式的创建方法及桌面图标排列

（1）快捷菜单的创建。

【案例 4】在桌面上为"计算器"、Microsoft Excel、Microsoft iexplore 创建快捷方式。

快捷方式创建方法：

1）使用鼠标拖动创建快捷方式。单击"开始"→"Windows 附件"，将鼠标指针移动到"计算器"，按住鼠标左键直接拖动到桌面，即在桌面创建了"计算器"快捷方式。

开始菜单中包含的各应用程序均可使用此方法创建快捷方式。

2）使用快捷菜单中"发送到"命令创建快捷方式。在"此电脑"中打开 C:\Program Files\Office 2016，右击 Excel 程序文件图标后弹出快捷菜单，选择"发送到"→"桌面快捷方式"命令，如图 2-8 所示，即在桌面上创建了 Microsoft Excel 快捷方式。

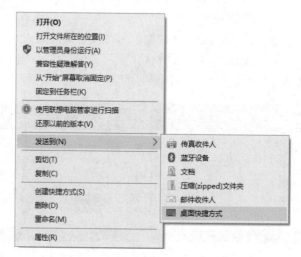

图 2-8　创建桌面图标的快捷菜单

3）使用快捷菜单中"创建快捷方式"命令创建快捷方式。右击 Excel 程序文件图标，在弹出的快捷菜单中选择"创建快捷方式"命令，如图 2-8 所示，即在当前文件夹中创建了 Microsoft Excel 快捷方式。然后将新创建的快捷方式图标移动至桌面。

4）使用对象所在窗口中的"主页选项卡"创建快捷方式。在对象所在的窗口下，选择功能区中的"主页"选项卡，单击"新建项目"下拉箭头，在其下级菜单中选择"快捷方式"命令，如图 2-9 所示。图标创建在当前文件夹中，如需要可移动到桌面。

（2）桌面图标排列。

1）桌面图标自动排列。在桌面空白处右击，在弹出的快捷菜单中选择"自动排列图标"命令，如图 2-10 所示，完成桌面图标自动排列。

2）桌面图标的排列。在桌面空白处右击，在弹出的快捷菜单中选择"排序方式"命令，如图 2-11 所示。选择按照名称、大小、项目类型及修改日期完成桌面图标排列。

图 2-9　在对象所在窗口创建快捷方式

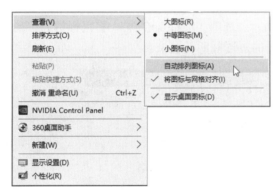

图 2-10　桌面图标自动排列

图 2-11　桌面图标排列方式

三、实践练习

1．在桌面上为"画图"应用程序创建快捷方式，查看桌面图标，改变图标排列方式。

2．用不同方法依次打开"写字板""画图""此电脑"应用程序窗口，进行应用程序之间的切换，改变多个窗口的显示方式。

3．将上述打开窗口分别最大化、最小化、还原，改变窗口大小，移动窗口，用不同方法关闭窗口。

实践 2　Windows 10 的文件及文件夹管理

一、实践目的

1．掌握 Windows 10 的"此电脑"及"资源管理器"的使用。

2．掌握 Windows 10 中文件和文件夹的基本操作。

二、实践内容及步骤

Windows 10 中文件及文件夹操作是本章的重点内容，其中包括文件与文件夹的选定、创建、重命名、复制、移动、删除、属性设置及搜索等。

对文件与文件夹的操作，常用方法有如下几类：

● 右击选中对象，在弹出的快捷菜单中选择相应命令进行操作。

● 使用 Ctrl、Shift 键配合鼠标进行操作。

● 使用"此电脑"及"资源管理器"窗口中的选项卡中的相应命令进行操作。

1. 文件与文件夹的选定

（1）单个文件或文件夹的选定：单击文件或文件夹即可选中该对象。

（2）多个相邻文件或文件夹的选定：

● 按下 Shift 键并保持，再单击首尾两个文件或文件夹。

● 单击要选定的第一个对象旁边的空白处，按住左键不放，拖动至最后一个对象。

（3）多个不相邻文件或文件夹的选定：

● 按下 Ctrl 键并保持，再逐个单击各个文件或文件夹。

● 首先选择"查看"选项卡，如图 2-12 所示。选中"项目复选框"，将鼠标指针移动到需要选择的文件上方，单击文件左上角的复选框即可选中。

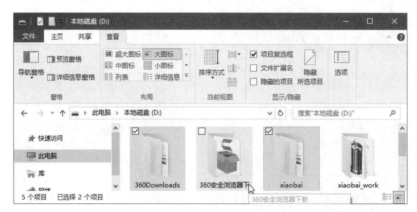

图 2-12　使用"项目复选框"

（4）反向选定：若只有少数文件或文件夹不想选择，可以先选定这几个文件或文件夹，然后单击选择"主页"选项卡中的"反向选择"命令，如图 2-13 所示，这样可以反转当前选择。

（5）全部选定：单击"主页"选项卡中的"全部选择"命令或按快捷键 Ctrl+A。

2. 创建新的文件及文件夹

（1）创建文件夹。

【案例 1】在 D:盘下新建文件夹结构，如图 2-14 所示。

操作方法如下：

1）在"此电脑"中选择 D:盘，开始创建如图 2-14 所示的文件夹。

2）选择"主页"选项卡，单击"新建文件夹"，在列表窗格中出现新建的文件夹图标，如图 2-15 所示。将文件夹名称命名为"我的练习"，则在 D:盘上创建了"我的练习"文件夹。

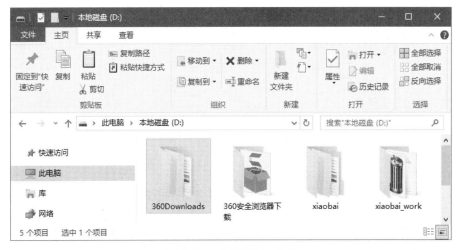

图 2-13　"主页"选项卡

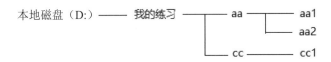

图 2-14　文件夹结构

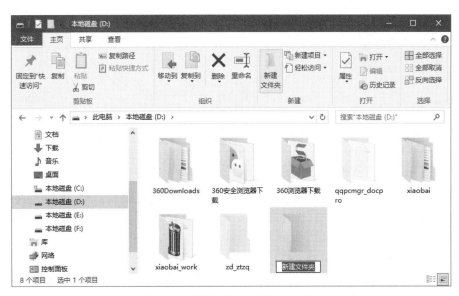

图 2-15　使用"新建文件夹"创建

3）双击"我的练习"文件夹图标，打开"我的练习"文件夹。右击文件列表栏的空白处，在弹出的快捷菜单中选择"新建"→"文件夹"命令，如图 2-16 所示。将文件夹命名为 aa，即在"我的练习"文件夹中创建了 aa 文件夹。使用与此相同的方法创建文件夹 cc。

图 2-16　使用快捷菜单创建文件夹

4）双击 aa 文件夹图标，打开 aa 文件夹，单击"新建项目"右侧下拉箭头打开下拉菜单，如图 2-17 所示。选择"文件夹"命令，创建 aa1、aa2 文件夹。

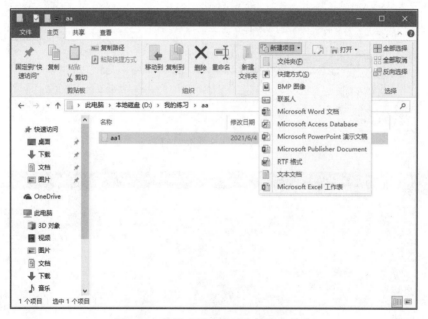

图 2-17　使用"新建项目"创建文件夹

5）单击返回箭头←，返回"我的练习"文件夹。双击 cc 文件夹图标，打开 cc 文件夹，单击"新建项目"右侧下拉箭头打开下拉菜单，如图 2-17 所示。选择"文件夹"命令，创建 cc1 文件夹。至此完成了图 2-14 所示的文件夹结构。

（2）创建文件。

【案例 2】在图 2-14 所示文件夹 aa 中，新建一个文本文件 abc.txt；在 cc 文件夹中，新建一个 Word 文档 def.docx。

操作方法如下：

1）双击 aa 文件夹图标，打开 aa 文件夹，右击文件列表栏的空白处，在弹出的快捷菜单中选择"新建"→"文本文档"命令，如图 2-16 所示。将文件命名为 abc，即在 aa 文件夹中创建了文本文件 abc.txt。

2）双击 cc 文件夹图标，打开 cc 文件夹，单击"新建项目"右侧下拉箭头打开下拉菜单，如图 2-17 所示。选择 Microsoft Word 文档命令，将文件命名为 def，即在 cc 文件夹中创建了 Word 文档 def.docx。

3. 文件与文件夹的重命名

【案例 3】将图 2-14 所示的文件夹 aa 改名为"练习 1"，cc 文件夹中 Word 文档 def.docx 改名为"Word 练习"。

操作方法如下：

（1）右击要重命名的文件夹 aa，在弹出的快捷菜单中选择"重命名"命令，如图 2-18 所示。输入新的文件夹名"练习 1"，完成对文件夹 aa 的重命名。

图 2-18　使用快捷菜单重命名

（2）选中文件 def.docx，在图 2-19 所示的"主页"选项卡中单击"重命名"命令，输入新的文件名"Word 练习"，完成对文件 def.docx 的重命名。

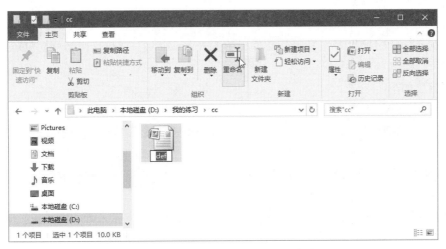

图 2-19　使用"主页"选项卡重命名

文件与文件夹重命名方法完全相同，可以自行选择。

注意：文件的扩展名代表文件类型，所以重命名文件时一定要谨慎。

4．文件与文件夹的复制

【案例4】将文件 abc.txt 复制到"我的练习"文件夹中，将 cc 文件夹复制到 D:盘。

操作方法如下：

（1）右击要复制的文件 abc.txt，在弹出的快捷菜单中选择"复制"命令，如图 2-18 所示。

（2）选择目标文件夹"我的练习"，在文件列表区空白处右击，在弹出的快捷菜单中选择"粘贴"命令，完成复制操作。

（3）选定要复制的文件夹 cc，单击"主页"选项卡"复制"命令，如图 2-19 所示。

（4）选择目标位置 D:盘，单击"主页"选项卡"粘贴"命令，完成复制操作。

使用"主页"选项卡的"复制到"命令也可以实现复制，也可使用鼠标实现文件复制。

5．文件和文件夹的移动

【案例5】将"D:\我的练习\abc.txt"文件移动到"D:\cc"文件夹中，将"D:\我的练习"下的 aa 文件夹移动到 D:盘。

操作方法如下：

（1）右击要移动的文件 abc.txt，在弹出的快捷菜单中选择"剪切"命令，如图 2-18 所示。

（2）选择目标文件夹 D:\cc，在文件列表区空白处右击，在弹出的快捷菜单中选择"粘贴"命令，完成移动操作。

（3）选定要移动的文件夹 aa，单击"主页"选项卡"剪切"命令，如图 2-19 所示。

（4）选择目标位置 D:盘，单击"主页"选项卡"粘贴"命令，完成移动操作。

使用"主页"选项卡的"移动到"命令也可以实现文件及文件夹移动，也可使用鼠标实现文件及文件夹移动。

注意：使用鼠标拖动复制或移动文件和文件夹时，按下 Shift 键并保持，再用鼠标拖动该对象到目标文件夹，实现移动操作；按下 Ctrl 键并保持，再用鼠标拖动该对象到目标文件夹，实现复制操作。直接用鼠标拖动该对象到目标文件夹，同一磁盘间拖动实现文件和文件夹移动，不同磁盘间实现文件和文件夹复制。

6．文件和文件夹的删除

【案例6】将"D:\我的练习\cc"文件夹中的"Word 练习"文件删除，将"D:\aa"文件夹删除。

操作方法如下：

（1）右击"Word 练习"文件，在弹出的快捷菜单中选择"删除"命令，如图 2-18 所示。

（2）在图 2-20 所示的"删除文件"对话框中单击"是"按钮，将删除的文件放入"回收站"中。

（3）选中"D:\aa"文件夹，使用"主页"选项卡中的"删除"命令将删除的文件夹放入"回收站"中。

注意：从网络位置、可移动媒体（U 盘、可移动硬盘等）删除文件和文件夹或者被删除文件和文件夹的大小超过"回收站"空间的大小时，被删除对象将不被放入"回收站"中，而是直接被永久删除，不能还原。

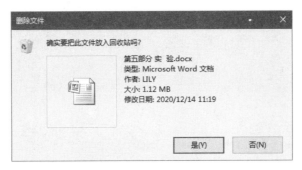

图 2-20　文件或文件夹删除

7. 文件和文件夹的还原，以及回收站的操作

（1）还原被删除的文件和文件夹。

【案例 7】将回收站中的"Word 练习"文件还原，将 aa 文件夹还原。

操作方法如下：

1）双击桌面"回收站"图标，打开"回收站"窗口，如图 2-21 所示。

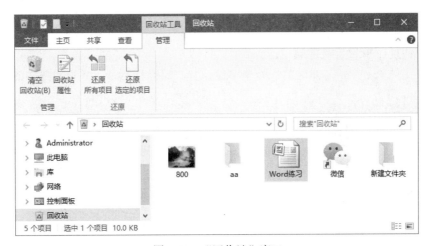

图 2-21　"回收站"窗口

2）选中文件"Word 练习"，单击"还原选定的项目"命令，则"Word 练习"文件将被还原到"此电脑"中的原始位置。

3）右击 aa 文件夹图标，在弹出的快捷菜单中选择"还原"命令，则 aa 文件夹将被还原到"此电脑"中的原始位置，如图 2-22 所示。

（2）文件和文件夹的彻底删除。

【案例 8】将"回收站"中的文件夹 aa 彻底删除，将文件"Word 练习"彻底删除。

操作方法如下：

1）双击桌面"回收站"图标，打开"回收站"窗口，如图 2-21 所示。

2）右击 aa 文件夹图标，在弹出的快捷菜单中选择"删除"命令，则 aa 文件夹将被彻底删除，如图 2-22 所示。

3）单击"清空回收站"命令，则"回收站"中所有文件和文件夹将被彻底删除。

注意："回收站"中的内容一旦被删除，被删除的对象将不能再恢复。

图 2-22   "回收站"中的快捷菜单

8．文件和文件夹的属性设置

【案例9】将文件 abc.txt 设置为隐藏属性，将文件夹"我的练习"设置为共享属性。

操作方法如下：

（1）用快捷菜单设置文件属性。

1）右击文件 abc.txt，在弹出的快捷菜单中选择"属性"命令，打开如图 2-23 所示的文件属性对话框。

图 2-23   文件属性对话框示例

2）在对话框中勾选"隐藏"复选框，单击"确定"按钮，文件设置为隐藏，如图 2-23 所示，此时文件依然显示。

3）在图 2-24 中取消"隐藏的项目"复选框的勾选，文件将不再显示，处于隐藏状态。

图 2-24　文件夹"查看"选项卡

（2）文件夹的共享。

1）右击文件夹"我的练习"，在弹出的快捷菜单中选择"共享"→"特定用户"命令，如图 2-25 所示。

图 2-25　文件夹"共享"命令

2）在图 2-26 中，选择要与其共享的用户 Mary，单击"添加"按钮，最后单击"共享"按钮，完成文件夹共享属性设置。

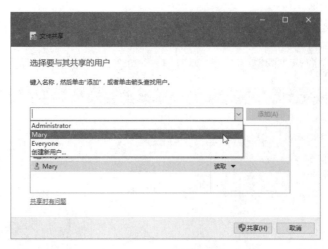

图 2-26   文件夹共享

注意：文件夹与磁盘均可设置共享属性，文件只需放在共享文件夹或磁盘中即可供各类用户查看。

9. 文件及文件夹搜索

【案例 10】在 F:盘中搜索名称中含"教学"的文件或文件夹。

操作方法如下：

（1）即时搜索。在导航窗格选择 F:盘，在"搜索框"中输入"教学"，立即在 F:盘开始搜索名称含有"教学"的文件及文件夹，如图 2-27 所示。

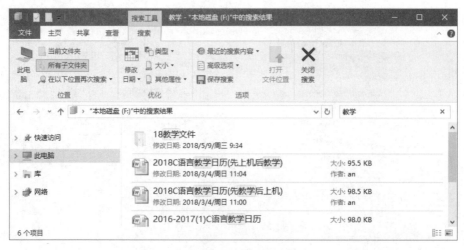

图 2-27   文件搜索

搜索时如果不知道准确文件名，可以使用通配符。通配符包括星号"*"和问号"?"两种。可以使用问号"?"代替一个字符，星号"*"代替任意个字符。

（2）更改搜索位置。在默认情况下，搜索位置是当前文件夹及子文件夹。如果需要修改，可以在图 2-27 的"搜索"选项卡"位置"区域中进行更改。

（3）设置搜索类型。如果想要加快搜索速度，可以在图 2-27 的"搜索"选项卡"优化"区域中设置更具体的搜索信息，如修改日期、类型、大小、其他属性等。

（4）设置索引选项。Windows 10 中，使用"索引"可以快速找到特定的文件及文件夹。默认情况下，大多数常见类型都会被索引，索引位置包括库中的所有文件夹、电子邮件、脱机文件。

单击图 2-28 中的"高级选项"下拉按钮，在其下拉菜单中选择"更改索引位置"命令，对索引位置进行添加修改。添加索引位置完成后，计算机会自动为新添加索引位置编制索引。

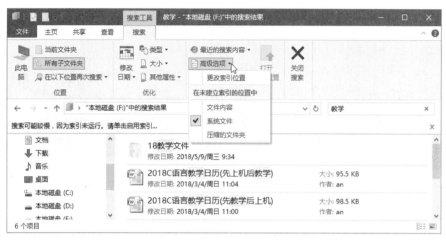

图 2-28　索引选项设置

（5）保存搜索结果。可以将搜索结果保存，方便日后快速查找。单击图 2-27 中的"保存搜索"命令，选择保存位置，输入保存的文件名，即可以对搜索结果进行保存。日后使用时不需要进行搜索，只需要打开保存的搜索即可。

10. 文件与文件夹的显示方式

Windows 10"资源管理器"窗口中的文件列表有"超大图标""大图标""中等图标""小图标""列表""详细信息""平铺""内容"8 种显示方式。选择的方法有以下几种：

（1）使用"查看"选项卡选择"中图标"，则文件和文件夹以中图标显示，如图 2-29所示。

图 2-29　"查看"选项卡

（2）右击窗口空白处，在弹出的快捷菜单中选择"查看"命令，如图2-30所示。

11. 文件与文件夹的排序方式

浏览文件和文件夹时，文件和文件夹可以按名称、修改日期、类型或大小来调整文件列表的排列顺序，还可以选择递增、递减或更多的方式进行排序。排序方法如下：

（1）选择文件列表的排序方式可以使用选项卡，在图2-31中单击"排序方式"下拉按钮，展开排序下拉菜单，分别选择"名称"和"递增"，则文件和文件夹按照名称升序排列。

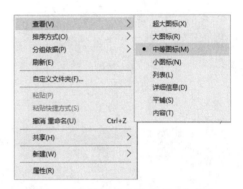

图 2-30　快捷菜单中的"查看"命令

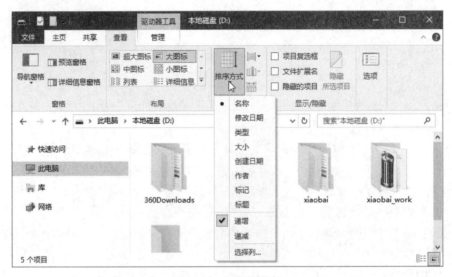

图 2-31　文件夹排序

（2）右击"此电脑"窗口空白处，在弹出的快捷菜单中选择"排序方式"→"类型"命令，如图2-32所示。此时文件和文件夹按照类型排列。

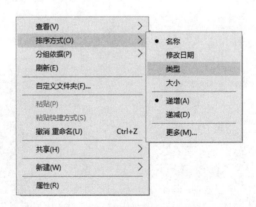

图 2-32　使用快捷菜单排序

三、实践练习

1．在 D:盘根目录下建立文件夹 AA，在 AA 文件夹下建立子文件夹 BB 和子文件夹 CC。

2．在 BB 文件夹下建立一个名为 kaoshi.txt 的文本文件，并将该文件复制到 CC 文件夹中。

3．将从 CC 文件夹中复制来的文件 kaoshi.txt 改名为 exam.txt，并在桌面上为其创建快捷方式，再将文件的属性设置为"只读"。

4．将 BB 文件夹中的文件 kaoshi.txt 移动到 AA 文件夹中。

5．将文件夹 BB 删除。

6．在"此电脑"中搜索所有的 Word 文档。

实践 3　Windows 10 的设置

一、实践目的

1．掌握"控制面板"的功能及使用方法。

2．熟练掌握个性化及主题设置。

3．掌握鼠标、日期和时间设置。

4．了解账户的设置。

二、实践内容及步骤

1．控制面板

"控制面板"和"设置"都是 Windows 10 提供的控制计算机的工具，但"设置"在功能方面还不能完全取代"控制面板"，"控制面板"的功能更加详细。通过"控制面板"，用户可以对系统的设置进行查看和调整。

选择"开始"→"Windows 系统"→"控制面板"命令，即可打开"控制面板"窗口，如图 2-33 所示。

图 2-33　"控制面板"窗口

2．个性化设置

右击桌面空白处，在弹出的快捷菜单中选择"个性化"命令，打开"个性化"窗口，如图 2-34 所示。"个性化"窗口左侧窗格中有个性化设置的几个主要功能标签，在此可以分别对"背景""颜色""锁屏界面""主题""开始""任务栏"进行设置。

图 2-34　"个性化"窗口

（1）设置桌面背景。

1）在左侧导航窗格中单击"背景"标签。

2）在右侧窗格单击"背景"下拉按钮，展开其下拉列表，在这里选择桌面背景的样式（"图片""纯色""幻灯片放映"），选择"图片"。

3）单击"选择图片"中列出的某张图片，就可以将该图片设置为桌面背景；或者单击"浏览"按钮，在"打开"对话框中选择某图片为桌面背景。

4）单击"选择契合度"下拉按钮，确定图片在桌面上的显示方式。

（2）设置颜色。

1）如图 2-34 所示，在左侧导航窗格中选择"颜色"，打开"颜色"窗格，如图 2-35 所示。

2）在右侧窗格中选择一种颜色，立即可以看到 Windows 中的主色调改变为该颜色。

3）将"使'开始'菜单、任务栏和操作中心透明"与"显示标题栏的颜色"设置为"开"，可以看到"开始"菜单、任务栏、操作中心和标题栏颜色同时改变，如图 2-35 所示。

（3）设置主题。主题是指搭配完整的系统外观和系统声音的一套方案，包括桌面背景、屏幕保护程序、声音方案、窗口颜色等。如图 2-34 所示，在左侧导航窗格中选择"主题"，在右侧单击"主题设置"，打开如图 2-36 所示的窗口。在"Windows 默认主题"选项区中单击"鲜花"，主题即设置完毕。

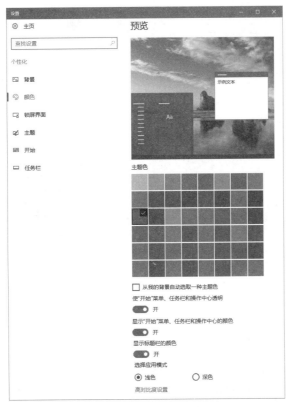

图 2-35　"颜色"窗格

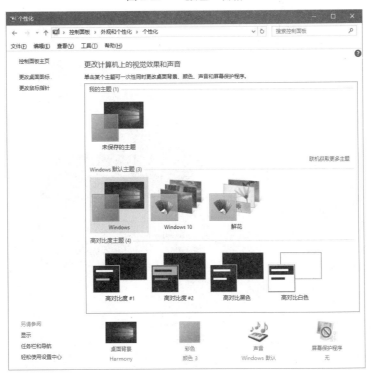

图 2-36　"主题"窗格

（4）设置屏幕保护程序。屏幕保护程序是用于保护计算机屏幕的程序，当用户暂停计算机的使用时，它能使显示器处于节能状态，并保障系统安全。

1）在图 2-36 中，单击右下方"屏幕保护程序"，弹出"屏幕保护程序设置"对话框，如图 2-37 所示。

2）在"屏幕保护程序"下拉列表中，选择一种喜欢的屏幕保护程序，如"气泡"，在"等待"微调框内设置等待时间，如"3 分钟"，单击"确定"按钮，完成设置。

3）在用户未操作计算机 3 分钟之后，屏幕保护程序自动启动。若要重新操作计算机，只需移动一下鼠标或者按键盘上的任意键，即可退出屏保。

（5）"开始"菜单设置。可以按照个人的使用习惯，对"开始"菜单进行个性化的设置，如是否在"开始"菜单中显示应用列表、是否显示最常用的应用等。

图 2-37　"屏幕保护程序设置"对话框

1）如图 2-34 所示，在左侧导航窗格中选择"开始"，打开如图 2-38 所示的"开始"菜单设置窗口。

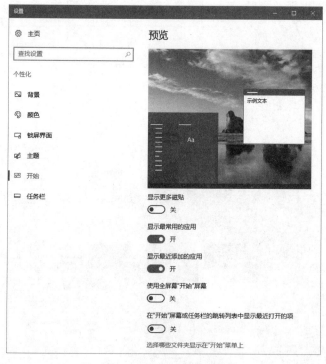

图 2-38　"开始"菜单设置窗口

2）将"显示最常用的应用"设置为"开"，则在"开始"菜单中显示常用的应用图标。

3）将"显示最近添加的应用"设置为"开"，则新安装的程序会在"开始"菜单中建立图标。

（6）任务栏设置。在系统默认状态下，任务栏位于桌面的底部，并处于锁定状态。如图2-34 所示，在左侧导航窗格中选择"任务栏"，打开如图 2-39 所示的任务栏设置窗口。

图 2-39 任务栏设置窗口

1）解除锁定。解除锁定之后方可对任务栏的位置和大小进行调整。

2）调整任务栏大小。任务栏解除锁定后，将鼠标指针指向任务栏空白区的上边缘，此时鼠标指针变为双向箭头状"↕"，然后拖动至合适位置后释放，即可调整任务栏的大小。

3）移动任务栏位置。任务栏解除锁定后，将鼠标指针指向任务栏的空白区，然后拖动至桌面周边的合适位置后释放，即可将任务栏移动至桌面的顶部、左侧、右侧或底部。

4）隐藏任务栏。将"在桌面模式下自动隐藏任务栏"设置为"开"，任务栏随即隐藏起来。将鼠标指针移到任务栏区域，任务栏显示。

5）通知区域显示图标设置。单击图 2-39 下方"选择哪些图标显示在任务栏上"，打开如图 2-40 所示任务栏通知区域显示设置窗口。首先将"通知区域始终显示所有图标"设置为"关"，然后将需要显示的图标设置为"开",其余设置为"关"。

图 2-40   任务栏通知区域显示设置窗口

3. 日期和时间设置

（1）单击图 2-33 中的"时钟、语言和区域"，打开如图 2-41 所示的"时钟、语言和区域"窗口。

图 2-41   "时钟、语言和区域"窗口

（2）单击图 2-41 中的"日期和时间"，打开"日期和时间"对话框，如图 2-42 所示。

（3）单击"更改日期和时间"，打开如图 2-43 所示的"日期和时间设置"对话框。

图 2-42　"日期和时间"对话框

图 2-43　"日期和时间设置"对话框

（4）单击时、分、秒区域修改时钟，单击选中日期以设置日期，单击"确定"按钮，完成日期和时间修改。

三、实践练习

1．更改桌面背景，设置屏幕保护程序。

2．设置系统日期为 2021 年 10 月 1 日，时间为 8 点 9 分 10 秒。

3．设置任务栏自动隐藏。

第 3 章 文字处理软件 Word 2016

 本章实践的基本要求：

- 熟练掌握 Word 文档的建立、保存等基本操作。
- 熟练掌握 Word 文档的文本编辑与修改。
- 熟练掌握 Word 文档的字符格式、段落格式及页面格式的设置。
- 熟练掌握表格的基本操作。
- 熟练掌握图片与文字的混合排版。
- 熟练掌握艺术字、SmartArt 图形、文本框等操作。
- 熟练掌握邮件合并等操作。

实践 1 Word 文档的建立与编辑

一、实践目的

1. 掌握文件的新建、打开、保存和关闭等操作。
2. 熟练掌握录入文本及文本的选中、移动、复制等操作。
3. 掌握文本的查找与替换。

二、实践准备

1. 了解 Word 程序窗口中快速工具栏、标题栏、功能区、状态栏等组成元素。
2. 在某个磁盘（如 D:\）下创建自己的文件夹。

三、实践内容及步骤

【**案例 1**】创建文档并保存。
操作要求：
（1）创建 Word 文档，录入以下文本框中的文字内容（不包括外边框）。

谁也给不了你想要的生活！

（文摘）

"时间不欺人"，这是她教会我的道理！

一个二十几岁的人，你做的选择和接受的生活方式，将会决定你将来成为一个什么样的人！我们总该需要一次奋不顾身的努力，然后去到那个你心里魂牵梦绕的圣地，看看那里的风景，经历一次因为努力而获得圆满的时刻。

这个世界上不确定的因素太多，我们能做的就是独善其身。指天骂地地发泄一通后，还是继续该干嘛干嘛吧！

因为你不努力，谁也给不了你想要的生活！

（2）以"基本操作练习"文档名进行保存，保存位置为自己的文件夹。

操作过程与内容：

（1）启动 Word 2016 后，在"开始"界面单击"空白文档"，即可新建一个新的 Word 文档。

（2）文档内容输入结束后，单击窗口左上角快速启动栏中的"保存"按钮🖫，或切换到"文件"选项卡，单击"保存"或"另存为"，然后在弹出的面板中单击"浏览"或双击"这台电脑"，都会打开"另存为"对话框，如图 3-1 所示。

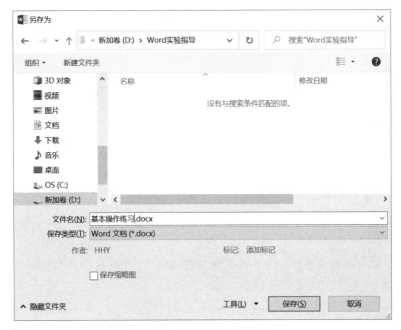

图 3-1　"另存为"对话框

（3）在"保存位置"下拉列表中找到自己的文件夹，在"文件名"文本框输入文档名"基本操作练习"，单击"保存"按钮。

【案例 2】文本的查找与替换。

操作要求：

（1）在 Word 中输入以下文本框的内容（不包括外边框），命名为"查找与替换练习"，并保存在自己的文件夹中。

> **保存文件**
>
> "文件"→"保存"：用于不改变文件保存。
>
> "文件"→"另存为"：一般用于改变文件的保存，包括盘符、目录或文件名的改变。
>
> "文件"→"另存为 Web 页"：存为 HTML 文件，其扩展名为.htm、.html、.htx。

（2）使用"查找与替换"功能，将文中所有"文件"两个字替换为 FILE。

操作过程与内容：

（1）新建文档并保存为"查找与替换练习"，输入文本内容。

（2）将功能区切换至"开始"选项卡，在"编辑"组中单击"替换"命令，打开"查找和替换"对话框。

（3）在"查找内容"文本框内输入要查找的文本"文件"，在"替换为"文本框内输入替换内容 FILE，如图 3-2 所示。

图 3-2　"查找和替换"对话框

（4）单击"替换"按钮，原文字被替换，并自动找到下一处。单击"全部替换"按钮，可以完成所有替换。

（5）单击"关闭"按钮，结束操作。

【案例 3】 在文档中插入符号。

操作要求：

在 Word 中录入以下文本框的内容（不包括外边框），并保存为"符号练习"，保存位置为自己的文件夹。

> 生活中的理想温度
>
> 　人类生活在地球上，每时每刻都离不开温度。一年四季，温度有高有低，经过专家长期的研究和观察对比，认为生活中的理想温度应该是：
>
> 　🏠居室温度保持在 20～25℃；
>
> 　♀饭菜的温度为 46～58℃；
>
> 　🛁冷水浴的温度为 19～21℃；
>
> 　⛱阳光浴的温度为 15～30℃。

操作过程与内容：

（1）新建文档并保存为"符号练习"，输入一般文本内容。

（2）插入单位符号——℃。

提示：℃的插入方法是，切换到"插入"选项卡，在"符号"组中单击"符号"按钮，选择"其他符号"，在"字体"中选择默认的"普通文本"，在"子集"中选择"类似字母的符号"，如图 3-3 所示。

（3）插入🏠、♀、🛁、⛱符号。将功能区切换至"插入"，单击"符号"组的"符号"按钮，打开"符号"对话框，在"符号"选项卡的"字体"下拉列表中选择 Webdings（图 3-4），在"字符"列表中选择其中一个符号，如🏠，单击"插入"按钮。再依次选择其他几个符号，并完成插入操作。然后关闭"符号"对话框。

图 3-3　"符号"对话框

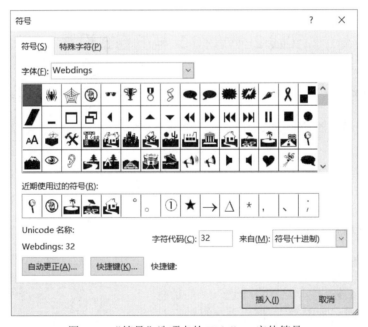

图 3-4　"符号"选项卡的 Webdings 字体符号

（4）单击文档窗口的"关闭"按钮，关闭文档。在出现确认更改的提示框中单击"是"按钮，保存并关闭文件。

四、实践练习

1．打开自己文件夹中的"Ping pang 球"文档，进行如下操作：

（1）将文档中所有的"Ping pang"都替换为"乒乓"。

（2）在文档中插入下面所示的一些符号：

✂ ☺ 📖 ☎ ☒ ☑ → ① ❿

提示：插入特殊符号的方法：切换至"插入"选项卡，在"符号"组中单击"符号"按钮，在弹出的面板中选择"其他符号"，在"符号"选项卡的"字体"下拉列表中，选择最下面的 Wingdings、Wingdings2、Wingdings3，在其中选择需要的特殊符号，插入即可。然后关闭"符号"对话框。

2．新建 Word 文档，输入以下文字内容后，以"水调歌头"为文件名保存到自己的文件夹中。

水调歌头

丙辰中秋，欢饮达旦，大醉。作此篇，兼怀子由。

明月几时有？把酒问青天。不知天上宫阙，今夕是何年。我欲乘风归去，又恐琼楼玉宇，高处不胜寒，起舞弄清影，何似在人间！

转朱阁，低绮户，照无眠。不应有恨，何事长向别时圆？人有悲欢离合，月有阴晴圆缺，此事古难全。但愿人长久，千里共婵娟。

实践 2　Word 文档的格式设置

一、实践目的

1．熟练掌握对文档字符格式和段落格式的设置。
2．熟练掌握分栏、首字下沉等的格式设置。
3．熟练掌握表格的基本操作。
4．熟练掌握设置页眉、页脚和页码的操作方法。
5．掌握页面设置和打印预览的操作方法。
6．掌握利用样式生成目录的方法。

二、实践准备

1．了解 Word 窗口功能区中各个选项卡的功能。
2．在某个磁盘（如 D:\）下创建自己的文件夹。
3．用来插入目录的 Word 文本。

三、实践内容及步骤

【案例 1】设置字符格式。
操作要求：
（1）打开"字符及段落格式的设置"文档，另存为"字符格式的设置"，保存到自己的文件夹中。
（2）将第一段（标题）字符设置为华文行楷、加粗、三号、200%缩放。
（3）将其他所有字符设置为宋体、倾斜、五号。

（4）将文档中的两个小标题设置为加红色的双下划线，字符间距设置为 10 磅。

（5）将字符"技巧点拨"设置为黄色突出显示，字符间距加宽 2 磅。

（6）将倒数第二段字符内容加 1.5 磅宽度浅蓝色的边框；将最后一段字符内容加底纹样式 30%、颜色"蓝色"。

操作过程与内容：

（1）设置字符格式。先选中要排版的文字，切换到"开始"选项卡，可以通过"字体"组中的选项按钮来设置，也可以单击字体组右侧的对话框启动器 ⊡，弹出"字体"对话框，在"字体"选项卡中设置字体、字号、字形、下划线和添加删除线等各种字符效果，如图 3-5 所示；在"高级"选项卡中可进行字符缩放、字符间距等的设置，如图 3-6 所示。

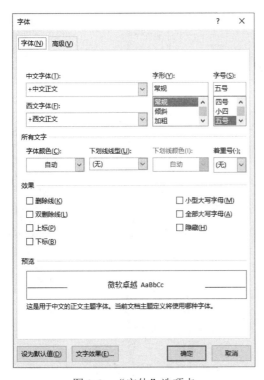

图 3-5 "字体"选项卡   图 3-6 "高级"选项卡

（2）设置突出显示。先选中"技巧点拨"4 个字，切换到"开始"选项卡，在"字体"组中单击"以不同颜色突出显示文本"按钮 ⊡ ，在弹出的面板中选择黄色。

（3）设置边框和底纹。选中倒数第二段字符内容，单击"段落"选项卡的"边框和底纹"按钮，在下拉列表中选择"边框和底纹"命令，打开对话框，选择"方框"、天蓝色、1.5 磅宽度，在"应用于"列表框中选择"文字"，如图 3-7 所示。

选中最后一段字符内容，按如上步骤，打开"边框和底纹"对话框，单击"底纹"选项卡，在"图案"栏的"样式"下拉列表中选择 30%，单击"颜色"按钮，选择"标准色"中的蓝色，在"应用于"列表框中选择"文字"。

（4）保存文档，字符格式设置效果如图 3-8 所示。

图 3-7 "边框和底纹"对话框

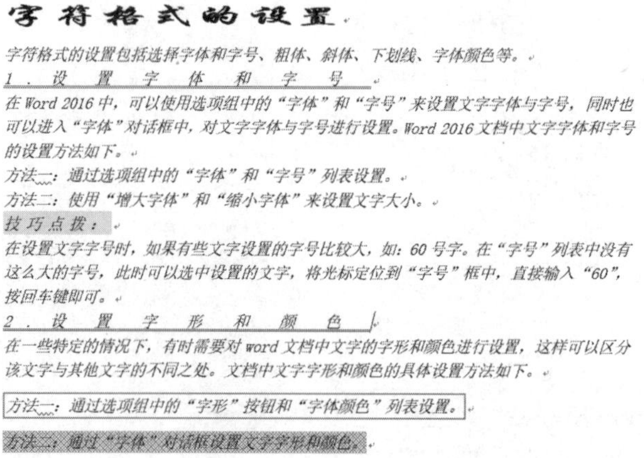

字符格式的设置

字符格式的设置包括选择字体和字号、粗体、斜体、下划线、字体颜色等。

1．设置字体和字号

在 Word 2016 中，可以使用选项组中的"字体"和"字号"来设置文字字体与字号，同时也可以进入"字体"对话框中，对文字字体与字号进行设置。Word 2016 文档中文字字体和字号的设置方法如下。

方法二：通过选项组中的"字体"和"字号"列表设置。

方法二：使用"增大字体"和"缩小字体"来设置文字大小。

技巧点拨：

在设置文字字号时，如果有些文字设置的字号比较大，如：60 号字。在"字号"列表中没有这么大的字号，此时可以选中设置的文字，将光标定位到"字号"框中，直接输入"60"，按回车键即可。

2．设置字形和颜色

在一些特定的情况下，有时需要对 word 文档中文字的字形和颜色进行设置，这样可以区分该文字与其他文字的不同之处。文档中文字字形和颜色的具体设置方法如下。

方法一：通过选项组中的"字形"按钮和"字体颜色"列表设置。

方法二：通过"字体"对话框设置文字字形和颜色。

图 3-8 字符设置效果图

【案例 2】设置段落格式。

操作要求：打开"字符及段落格式的设置"文档（文中共有 12 个段落），另存为"段落格式的设置"，保存在自己的文件夹中，并进行如下操作。

（1）缩进的设置。

- 将第 2、4～8、10～12 段设置为首行缩进 2 个字符。
- 将第 10 段设置为左缩进 2 个字符、右缩进 2 个字符。

（2）对齐的设置。

- 将第 1 段设置为"三号、隶书"、居中对齐。
- 将第 3 段设置为右对齐。
- 将第 9 段设置为分散对齐。

（3）间距的设置。

- 将正文（除标题）各段行距设为 1.5 倍行距。
- 设置第 7 段段前段后各 0.5 行。

操作过程与内容：

（1）设置首行缩进。选中第 2、4～8、10～12 段（借助 Ctrl 键），打开"段落"对话框，打开"特殊格式"下拉列表，单击"首行缩进"，将"缩进值"设置为"2 字符"（或直接输入"2 字符"）。

（2）设置左、右缩进。将插入点置于第 10 段中，打开"段落"对话框，在"缩进"栏中设置"左侧""右侧"分别为"2 字符"。

（3）设置对齐。将插入点置于第 1 段中，功能区切换至"开始"，单击"段落"组中的"居中"按钮，将第 1 段设为居中对齐。以同样的方法设置第 3 段为右对齐，第 9 段为分散对齐。

（4）设置行距。将除第 1 段外的其余段落都选中，打开"段落"对话框，打开"行距"下拉列表，选择"1.5 倍行距"。

（5）设置段前、段后间距。将插入点置于第 7 段中，功能区切换至"开始"，单击"段落"按钮，打开"段落"对话框（图 3-9）。将"间距"中的"段前"和"段后"均设置为"0.5 行"。

图 3-9　"段落"对话框

【案例 3】设置分栏、首字下沉、添加项目符号和编号。

操作要求：打开"时钟电池的更换"文档，并将文中第 2 段（实达……如下：）复制，粘贴在最后，使文章共有 7 个段落，并对此文档进行如下的操作。

（1）对第 2 段进行首字下沉的设置，首字字体为隶书，行数为 3 行，距正文 28 磅。

（2）为第 3～6 段添加项目编号➢。

（3）将第 7 段分为等宽两栏，栏间加分隔线。

操作过程与内容：

（1）将插入点放置到需要设置首字下沉的段落中。在"插入"选项卡的"文本"组中单击"首字下沉"按钮，在打开的下拉列表中选择"首字下沉选项"选项，通过"首字下沉"对话框来设置，如图 3-10 所示，选择中间的"下沉"，然后分别进行"字体""下沉行数""距正文"的设置。

提示：默认的度量单位是"厘米"，单位不统一时，可以直接在对话框内带单位输入数值，如"28 磅"；也可先进行转换，方法是切换到"文件"选项卡，选择"选项"，在弹出的"Word 选项"对话框中选择"高级"，在"显示"一栏中将"度量单位"设置为"磅"，如图 3-11 所示，再进行输入。

图 3-10　"首字下沉"对话框

图 3-11　"Word 选项"对话框

（2）选中需添加项目符号的第 3～6 段，切换至"开始"选项卡，在"段落"组中选择第二个"项目符号"选项卡≡▾，在弹出的面板中选择需要的项目编号。

（3）选中第 7 段内容，将功能区切换至"布局"选项卡，在"页面设置"组中单击"分栏"按钮，打开分栏列表，选择最下面的"更多分栏"，在弹出的如图 3-12 所示的对话框中选择"两栏",然后勾选"分隔线"复选框,单击"确定"按钮。

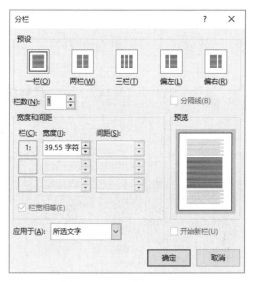

图 3-12　"分栏"对话框

【案例 4】制作工资表并进行格式化。

操作要求:

(1)新建 Word 文档,制作如下所示表格(含标题),命名为"表格练习",并保存在自己的文件夹中。

9 月份工资表

项目 姓名	基本工资	奖金		应发工资	备注
		出勤	绩效		
张晓云	4780	200	1280	6260	
李民	3760	200	1400	5360	
新力	5440	200	2800	8440	
合计					

(2)表标题为隶书三号字,第一行设为隶书五号字,其他文字均为小五号字。

(3)单元格对齐方式为"垂直、水平居中对齐"。

(4)设置第一列列宽 3 厘米,第二列列宽为 60 磅。

(5)外框线为 0.75 磅蓝色双实线,内框线为 0.5 磅红色单实线。

(6)最下面一行的合计数通过计算得来。

操作过程与内容:

(1)新建表格。新建文档,输入表的标题。然后,将光标置于插入表格位置,功能区切换至"插入",单击"表格"组的"表格"按钮,打开"插入表格"下拉列表,选择其中的"插入表格"命令,打开对话框。在"表格尺寸"的"列数"和"行数"增量框中均输入"6",如图 3-13 所示。单击"确定"按钮。

（2）合并单元格。选定1行1列和2行1列的两个单元格，右击，打开快捷菜单，选择"合并单元格"命令，完成合并单元格操作。

按相同的操作方法，参照样表，完成其他几个合并单元格操作。

（3）绘制斜线表头，输入原始数据。选择要绘制斜线的单元格，切换到"开始"功能区，在"段落"组中单击"边框"按钮，在弹出的列表中选择"边框和底纹"命令，出现"边框和底纹"对话框，在"边框"选项卡中单击"斜线"按钮，按如图3-14所示设置，单击"确定"按钮，完成斜线绘制。

图3-13　"插入表格"对话框

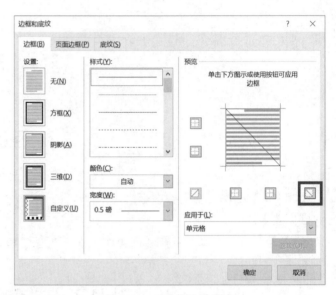

图3-14　"边框"选项卡

将光标置于第一个单元格中，然后按Enter键，则单元格分为两个段落。将第一个段落设置为右对齐，第二个段落设置为左对齐。然后，输入表格内容。

（4）设置表标题及表格中的字符格式。分别选择表标题及表格的第一行字符，设置字体为隶书，字号分别为三号和五号。选择表格中其他行字符，设置字号为小五号。

（5）设置单元格对齐方式。将光标置于表格内，单击表格左上角的选定按钮选定表格，功能区切换至"表格工具-布局"选项卡，单击"对齐方式"组的第二行第二列"水平居中"按钮，如图3-15所示。即可将整个表格设置为"垂直、水平居中对齐"。

图3-15　"表格工具-布局"选项卡

将光标置于第一个单元格的第一段，功能区切换至"开始"，单击"段落"组的"右对齐"按钮将第一个段落设置为右对齐。类似地将第二个段落设置为左对齐。

（6）设置列宽。将光标置于第一列的上方，鼠标指针变为向下黑色箭头，单击选定第一列，将功能区切换至"表格工具-布局"选项卡，在"单元格大小"组的"表格列宽"框中输入 3，然后按 Enter 键，将第一列列宽调整为 3 厘米。

以相同的操作方法将第二列的列宽设置为 60 磅，但设置时需要在"表格列宽"框中输入"60 磅"，单位不能省略。

（7）设置表格边框及底纹。选定表格，将功能区切换至"开始"，单击"段落"组"边框"的下三角按钮，选择"边框和底纹"命令，打开"边框和底纹"对话框。

先设置外部框线，在"边框"选项卡中，单击"设置"项中的"自定义"，在"样式"列表中选择"双实线"，在"颜色"下拉列表中选择"蓝色"，在"宽度"下拉列表中选择"0.75磅"，然后在右侧预览框里分别两次单击上框线按钮▦、下框线按钮▦、左框线按钮▦、右框线按钮▦（单击一次为取消默认框线设置，再次单击则按设定好的线型、线宽、颜色进行设置）。

再设置内部框线，重新设置边框"样式"为"单实线"，"颜色"为"红色"，"宽度"为"0.5 磅"。然后，单击"预览"内的内部水平框线按钮▭和垂直框线按钮▯，单击"确定"按钮，完成操作。

（8）用公式计算最后一行的合计数据。将光标置于 6 行 2 列单元格中，功能区切换至"表格工具-布局"选项卡，单击"数据"组的"f_x 公式"，打开"公式"对话框，如图 3-16 所示。在"公式"文本框中自动填入公式"=SUM(ABOVE)"。由于案例要求与公式内容相符，所以不需修改公式的应用，单击"确定"按钮完成操作。

图 3-16　"公式"对话框

用相同操作方法完成其他合计数值的计算。

【案例 5】文本转换为表格。

操作要求：

（1）新建 Word 文档，输入以下文本框的文本内容（不包括外边框），保存为"文本转换为表格"，保存位置为自己的文件夹。

姓名,数学,语文,外语

王光,95,88,99

石佳,96,88,90

郑大,90,93,89

（2）将文本内容转换为 4 行 4 列表格。

（3）设置表格样式为"网格表 6 彩色-着色 6"。

操作过程与内容：

（1）输入文本，注意文本间的"，"分隔符为半角符号。

（2）选定文本内容。

（3）将功能区切换至"插入"，单击"表格"组的"表格"按钮，选择"文本转换成表格"命令，显示出"将文字转换成表格"对话框，如图 3-17 所示。在对话框的"列数"框中，设置表格的列数为 4，"文字分隔位置"自动设置为"逗号"。单击"确定"按钮完成操作。

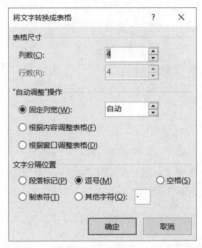

图 3-17　"将文字转换成表格"对话框

（4）应用表格样式。将光标置于表格中，功能区切换至"表格工具-设计"选项卡，单击"表格样式"组的"其他"按钮，在列表中选择"网格表"中第 6 行第 7 列的样式，即为"网格表 6 彩色-着色 6"的样式，如图 3-18 所示。

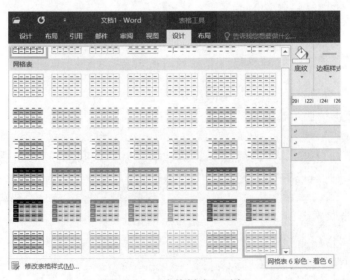

图 3-18　"表格样式"列表

【案例6】页面格式的设置。

操作要求：打开"页面设置练习.docx"文件，按下列要求，完成对文档的排版操作。

（1）将标题"唐诗的历程"右对齐，设置字体颜色为"灰色-50%，个性色3，深色50%"，大小为48磅，字体为微软雅黑体。

（2）纸张大小为A4类型，设置页面宽度为21厘米，高度为27厘米。

（3）设置上下左右页边距均为3厘米，装订线位置为"左""0.5厘米"，每行40个字符，每页41行。

（4）设置奇数页页眉为"第 3 章　Word"，设置偶数页页眉为"实践指导"，在页脚部分插入页码普通数字1。

（5）添加页面边框：方框，边框颜色为浅蓝，3磅。

（6）为文章第4段"初唐四杰"插入批注，设置批注内容为"初唐四杰为王勃、杨炯、卢照邻、骆宾王，建议将其加到原文中"。

（7）设置页面颜色填充效果为"羊皮纸"。

操作过程与内容：

（1）选中标题，切换至"开始"选项卡，在"字体"组中按要求设置字体、字号及颜色，在"段落"组中设置标题对齐方式为"右对齐"。

（2）切换至"布局"选项卡，在"页面设置"组中选择"纸张大小"，在弹出的列表框里选择"其他纸张大小"，在弹出的"页面设置"对话框中，可以看到纸张默认是A4，在页面宽度和高度栏中分别输入对应的值即可。

（3）切换至"布局"选项卡，在"页面设置"组中选择"页边距"，选择"自定义边距"，在弹出的"页面设置"对话框　"页边距"选项卡内分别按要求设置上、下、左、右页边距和装订线；然后切换到"文档网格"选项卡，在"网格"一栏选中"指定行和字符网格"单选按钮，然后在每行字符数和每页行数分别输入对应数值即可。

（4）设定奇偶页不同的页眉页脚的方法：切换到"布局"选项卡，在"页面设置"组中单击右下角的对话框启动器按钮 ，在弹出的"页面设置"对话框中选择"版式"选项卡，在"页眉和页脚"一栏，勾选"奇偶页不同"前面的复选框，单击"确定"按钮。然后切换到"插入"选项卡，在"页眉和页脚"组中单击"页眉"按钮，打开"页眉"样式列表，选择一种页眉样式，然后进入页眉编辑状态，这时可以输入页眉的内容。输入结束，单击"关闭页眉和页脚"按钮。

提示：设定"奇偶页不同的页眉和页脚"后，需要在奇数页和偶数页分输入页眉和页脚内容。

（5）切换到"开始"选项卡，在"段落"组中单击"边框"按钮 ，在弹出的面板中选择最下面的"边框和底纹"，选择"页面边框"选项卡，在"设置"一栏选择"方框"，在"颜色"中选择下面标准色中的"浅蓝"，"宽度"设置为3磅，单击"确定"按钮即可。

（6）将插入点放置到需要添加批注内容的后面，或选择需要添加批注的对象，在"审阅"选项卡"批注"组中单击"新建批注"按钮，此时在文档中将会出现批注框。在批注框中输入批注内容即可创建批注。

（7）切换到“设计”选项卡，在“页面背景”组中单击“页面颜色”按钮，选择最下面的“填充效果”，在弹出的“填充效果”对话框中选择“纹理”选项卡，第 4 排第 3 个即为“羊皮纸”效果，单击选中后，再单击“确定”按钮即可。

【案例 7】插入目录和封面。

操作要求：打开“插入目录练习.docx”文件，按下列要求，完成对文档的排版操作。

（1）在文本内容的最前面插入目录。

（2）插入“网格”封面，文档标题为“计算机基础与应用”，文档副标题为“自己的班级学号姓名”，删除文档摘要。

操作过程与内容：

（1）按样式设置各级标题的格式。

将光标置于第一行，切换功能区至“开始”，在“样式”组的样式列表中单击“标题 1”样式，即将“第 1 章……”的格式设置为一级标题。使用“格式刷”将“第 2 章……”“第 3 章……”的样式也设置为一级标题。

按同样的操作方式将所有节（如“1.1……”）的格式设置为“标题 2”样式。将所有小节（如“1.1.1……”）的格式设置为“标题 3”样式。

（2）文稿按照统一的格式排好版后，将光标置于要插入目录的位置。

（3）插入目录。将功能区切换至“引用”，单击“目录”组中“目录”的下拉按钮，打开下拉列表，选择一种自动目录的样式，如“自动目录 1”，生成目录，如图 3-19 所示。

第 1 章 计算机基础知识........1
1.1 计算机概述........1
1.1.1 计算机的发展过程........1
1.1.2 计算机的分类........1
1.2 计算机系统的组成........2
第 2 章 Windows 10 操作系统........2
2.1 Windows 操作系统概述........2
2.1.1 什么是操作系统........2
2.1.2 了解 Windows 操作系统........2
2.2 Windows 10 的基本操作........2
2.2.1 鼠标的操作........2
2.2.2 桌面的组成及操作........2
第 3 章 文字处理软件 Word 2016........2
3.1 Word 2016 简介........2
3.2 Word 的基本操作........3
3.2.1 启动 Word........3
3.2.2 退出 Word........3
3.3 建立及编辑 Word 文档........3

图 3-19 自动生成的目录

（4）插入及删除封面。将功能区切换至“插入”，单击“页面”组的“封面”下拉按钮，在下拉列表中选择“网格”的封面样式，系统自动在文档的第一页前插入封面，如图 3-20 所示。在标题和副标题文本框中输入文字内容，删除摘要文本框中的内容。

图 3-20　"网格"样式的封面

如果要删除已有的封面，可再次打开"插入"选项卡中的"封面"下拉列表，单击"删除当前封面"即可。

四、实践练习

1．新建 Word 文档，输入以下文字内容，然后按要求完成操作。

山海关

景点：票价

老龙头：50.00 元

孟姜女庙景区：25.00 元

一关古城体验游"全价票"（天下第一关－钟鼓楼－王家大院）：50.00 元

长城景观三联游"全价票"（老龙头－孟姜女庙－天下第一关－钟鼓楼－王家大院）：125.00 元

（1）将"景点"至最后的文字内容转化成 5 行 2 列表格。

（2）设置表格第一列列宽为 6.5 厘米，表格样式为"网格表 4-着色 6"。

2．在 Word 中绘制如下表所示的表格，并保存为"招聘登记表.docx"。

招聘登记表

姓　　名		民　　族		照片
出生日期		政治面貌		
英语程度		联系电话		
就业意向				
E-mail 地址				
通信地址				

有何特长	
奖励或处分情况	

简历	时间	所在单位	职务

学院推荐意见：

（盖章）

年　月　日

学校就业办意见	（盖章） 年　月　日	用人单位意见	（盖章） 年　月　日

实践 3　Word 文档的图文混排

一、实践目的

1．掌握图片、艺术字等的插入方法。

2．掌握文本框的使用方法。

3．掌握图片的排版方法。

4. 掌握自选图形的绘制方法。

5. 掌握插入 SmartArt 等图形的方法。

6. 掌握输入数学公式的方法。

二、实践准备

在某个磁盘（如 D:\）下创建自己的文件夹，将老师给的例文及相关素材复制到自己的文件夹下。

三、实践内容及步骤

【案例 1】美化文档（插入图片、自选图形、艺术字、脚注）。

操作要求：启动 Word 2016，打开"图文混排练习.docx"，按下列要求完成操作，效果如图 3-21 所示。

图 3-21　图文混排练习效果图

（1）在正文第 1 段后，插入图片"女排夺冠.jpg"，缩放 95%，环绕方式为上下型。

（2）在文章开头插入艺术字，题目为"女排精神 中国精神"，艺术字样式采用第 3 行第 4 列的样式；字体为隶书、小初号；上下型环绕；形状样式采用第 4 行第 2 列的样式（即细微效果-蓝色，强调文字颜色 1），形状效果设为"预设 4"效果。

（3）在页面底端为正文第 1 段首个"里约"插入脚注，编号格式为"①，②，③……"，注释内容为"里约热内卢，巴西第二大工业基地"。

（4）在正文最后插入自选图形。形状为无填充色；轮廓为黑色 0.25 磅单实线；在自选图形上添加文字"坚持不懈 永不言弃"，根据文字调整形状大小；文字格式为宋体、小三号、加粗、居中，黑色。

（5）将正文倒数第 2 段分为等宽两栏，有分隔线。

（6）设置奇数页眉为"女排精神"，偶数页眉为"永不言弃"，页脚部分插入页码普通数字 3。

操作过程与内容：

（1）插入图片。打开"图文混排练习.docx"文档，将插入点置于第 2 段开头处，切换到"插入"功能区，在"插图"组中单击"图片"按钮，找到自己文件夹下的"女排夺冠.jpg"文件，单击"插入"按钮即可。选中该图片，切换到"图片工具-格式"选项卡，在"大小"组中单击对话框启动器按钮 ⬚，弹出"布局"对话框，在"缩放"一栏中将"宽度"和"高度"均设为"95%"，单击"确定"按钮即可。或选中图片后，右击，在弹出的快捷菜单中选择"大小和位置"，也将弹出"布局"对话框，进行跟前面相同的设置即可。

（2）插入艺术字。将插入点置于第 1 段开头处，切换到"插入"功能区，在"文本"组中单击"插入艺术字"按钮，在弹出的列表中选择第 3 行第 4 列的样式，即"填充，白色，轮廓-着色 2，清晰阴影-着色 2"。然后在弹出的文本框中输入艺术字内容"女排精神 中国精神"。选中该艺术字，在"绘图工具-格式"选项卡的"排列"组中，单击"环绕文字"按钮，选择"上下型环绕"；在"形状样式"组中，依次单击"形状效果""预设""预设 4"，即可完成设置。

（3）插入脚注。把插入点定位在"里约"后面，然后将功能区切换至"引用"选项卡，单击"脚注"组中的对话框启动器按钮 ⬚，弹出"脚注和尾注"对话框，在"格式"一栏中的"编号格式"中选择要求的"①，②，③……"格式，然后单击"插入脚注"命令，则在插入点位置以一个上标的形式插入了脚注标记。接着可以在该页最下面输入脚注内容。

（4）插入自选图形操作。

1）切换到"插入"功能区，在"插图"组中单击"形状"按钮，选择"星与旗帜"组中的"前凸带形"形状，在文档末尾处拖动鼠标绘制适当大小的自选图形。

2）设置自选图形格式。选择自选图形，然后切换到"绘图工具-格式"选项卡，在"形状样式"组中单击"形状填充"按钮 ⬚形状填充 ，选择"无填充颜色"；单击"形状轮廓"按钮 ⬚形状轮廓 ，主题颜色选"黑色"，"粗细"选择"0.25 磅"，"虚线"选择"实线"。再单击"形状样式"组右下角的对话框启动器按钮 ⬚，右侧出现"设置形状格式"对话框，选择"布局属性"选项，选择"文本框"，在弹出的面板中选择"根据文字调整文本框大小"。

3）添加自选图形文字。选取自选图形，右击并选择"添加文字"命令，输入文字内容，选取输入的文字，按要求设置字体格式，完成文字的添加和格式设置。

需要注意的是：该自选图形默认文字颜色为白色，选中后文字颜色设为黑色，就能看到输入的文字内容了。

4）添加其他自选图形及文字。选中添加好文字的自选图形，复制后粘贴自选图形 7 次，按样张所示排列好自选图形，并修改其余自选图形的文字内容。

5）组合自选图形和版式设置。选取第一个自选图形，按住 Shift 键加选其他自选图形，右击，选择"组合"，单击"组合"命令，即可将所有的自选图形组合成一个对象；右击组合对象，选择"其他布局选项"命令，在弹出的"布局"对话框中选择"嵌入型"文字环绕方式。

（5）设置分栏。选中倒数第 2 段文字，切换到"布局"功能区，在"页面设置"组中单击"分栏"下拉按钮，选择"更多分栏"，出现"分栏"对话框，在预设区选择"两栏"，勾选"分隔线"复选框，然后单击"确定"按钮，完成分栏设置。

（6）插入页眉页脚。

1）切换到"插入"功能区，在"页眉和页脚"组中单击"页眉"按钮，在弹出的列表中选择第一个"空白"，输入页眉内容。

2）在"页眉和页脚工具-设计"选项卡的"选项"组中勾选"奇偶页不同"复选框。

3）单击该功能区"导航"组中的"转至页脚"按钮，在左侧"页眉和页脚"组中单击"页码"，在弹出的列表中依次选择"页面底端""普通数字 3"。

4）将鼠标指针移至偶数页，按上面方法编辑页眉页脚内容。

【案例 2】图文混排文档（数学公式、上下标设置、云状标注、图片格式）。

操作要求：

（1）在 Word 文档中输入以下内容（不包括外边框），命名为"图文混排练习"，并保存在自己的文件夹中。

---

§3.1　方程求根

科学技术的很多问题常归结为求方程 f(x)=0 的根。在中学里我们已解过 x 的二次方程，如 $ax^2+bx+c=0$ 就属于这一种类型。方程的根有两个，即

$$x = \frac{-b \pm \sqrt{b^2 - 4ac}}{2a}$$

一元二次方程的求根公式

如果 x_2 是它的根，那么将 x_2 代入 f(x)中，其值必定为 0。我们知道：f(x)＝y=ax^2+bx+c 的图线是一条二次曲线。

（2）标题使用艺术字，艺术字样式采用 3 行 3 列的样式，环绕方式为"上下型"，文字效果为"转换-两端近"。形状样式采用 4 行 3 列的样式。

（3）插入数学公式。

（4）插入云形标注，标注内容为"一元二次方程的求根公式"。

（5）插入一幅图片，颜色设为"冲蚀"，并将图片设置为"衬于文字下方"。

操作过程与内容：

（1）新建文档，输入一段文本内容，保存文档为"图文混排练习"。

（2）插入小节符号"§"。将功能区切换至"插入"，单击"符号"组的"符号"按钮，选择"其他符号"，打开"符号"对话框。在"特殊符号"选项卡中选择"小节"符号（图 3-22），单击"插入"按钮，即可将符号插入到文本中。单击"关闭"按钮关闭对话框。

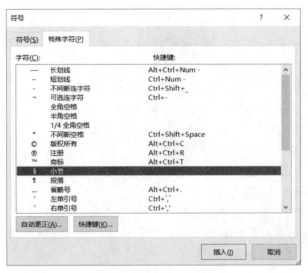

图 3-22   "符号"对话框

（3）设置上标、下标。选择数字 2，将功能区切换至"开始"，则单击"字体"组的 x^2 按钮，可进行上标的设置；单击 x_2 按钮，可进行下标的设置。

（4）标题使用艺术字，并设置艺术字样式、文字环境及效果。使用艺术字，并设置艺术字样式。选定标题文字，将功能区切换至"插入"，单击"文本"组的"艺术字"按钮，在打开的艺术字列表中选择 3 行 3 列的样式，如图 3-23 所示。

设置艺术字的环绕方式。单击标题，会相应出现"绘图工具-格式"选项卡，单击"排列"组的"环绕文字"按钮，选择"上下型环绕"。

设置艺术字效果。单击标题，在"绘图工具-格式"选项卡中，单击"艺术字样式"的"文字效果"按钮，如图 3-24 所示，指向"转换"命令，选择"弯曲"组中 4 行 3 列的"两端近"。

图 3-23   "艺术字"样式列表

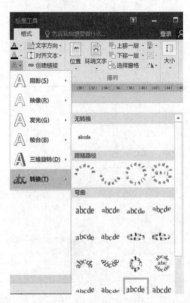

图 3-24   设置艺术字效果

（5）设置艺术字的形状样式。单击标题，在"绘图工具-格式"选项卡中，单击"形状样式"列表中 4 行 3 列的样式。

（6）插入数学公式。确定插入点，将功能区切换至"插入"，单击"符号"组"公式"的下拉按钮，选择"二次公式"，公式编辑框自动出现在插入点，在编辑框外空白处单击，结束操作。

（7）插入标注。确定插入点，在"插入"选项卡中，单击"插图"组的"形状"按钮，选择"标注"中的"云形标注"按钮，光标变为"十"字形，拖动鼠标插入标注。

右击标注，选择"编辑文字"，输入文字内容。

（8）插入图片，设置图片格式。将功能区切换至"插入"，单击"插图"组的"图片"按钮，选择要插入的图片"河流.jpg"。选中该图片，切换至"图片工具-格式"选项卡，首先单击"调整"组的"颜色"按钮，选择"重新着色"里的"冲蚀"效果，再单击"排列"组中的"环绕文字"按钮，选择"衬于文字下方"。效果如图 3-25 所示。

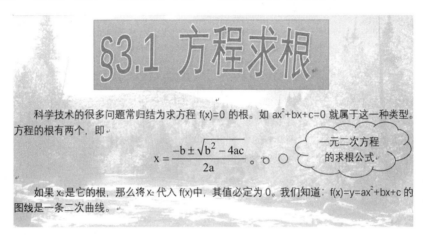

图 3-25　"图文混排练习"设置效果

【案例 3】使用 SmartArt 图形设计旅游的行程安排。

操作要求：

（1）在 Word 文档中输入以下内容（不包括外边框），命名为"SmartArt 练习"，并保存在自己的文件夹中。

行程安排
葡京娱乐场 –东望洋炮台 –圣母雪地殿圣堂 –东望洋灯塔 –卢廉若公园

（2）将输入的正文内容修改为 SmartArt 的"基本流程"样式，设置颜色为"彩色-个性色"。

（3）在适当位置插入一幅图片，设置图片高 2 厘米，宽 4 厘米，四周型环绕。

操作过程与内容：

（1）插入 SmartArt 图形，输入旅游的行程景点。打开 Word 文档，将功能区切换到"插入"，单击"插图"组中的 SmartArt 按钮。打开"选择 SmartArt 图形"对话框，选择需要的 SmartArt 图形类型，如单击"流程"选项，在右侧的选项面板中单击"基本流程"图标，然后单击"确定"按钮，如图 3-26 所示。

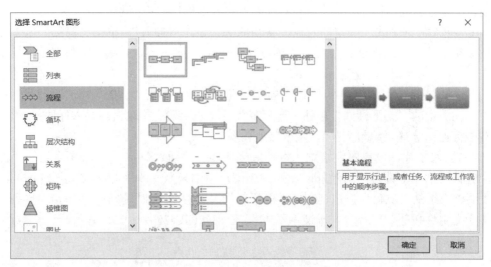

图 3-26　单击"基本流程"图标

　　此时，在文档中插入了 SmartArt 图形，可以直接单击标识为"文本"的文本框输入相应的文本内容。但因为默认的文本框只有 3 个，不足以输入 5 个文本内容。所以需要选择 SmartArt 图形，单击图形框左侧的图标按钮，打开"在此处键入文字"对话框，如图 3-27 所示。当默认的 3 个文本框输入完成后，按 Enter 键即可增加一个文本框，依此方法继续输入文本至结束。

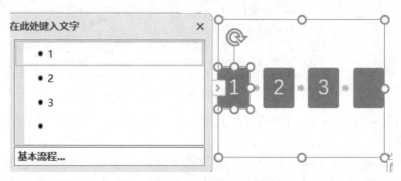

图 3-27　在"在此处键入文字"对话框中增加文本框输入文本

　　（2）设置 SmartArt 图形颜色为"彩色-个性色"。单击"SmartArt 样式"组中的"更改颜色"按钮，在展开的样式库中选择一种颜色方案，如选择"彩色"组中的"彩色-个性色"，更改了图形的颜色，如图 3-28 所示。

　　（3）插入图片。在需要插入图片的位置单击，将插入点定位到该位置。将功能区切换至"插入"，在"插图"组中单击"图片"按钮。打开"插入图片"对话框，如图 3-29 所示。在"位置"下拉列表中选择图片所在的文件夹，然后选择需要插入文档中的图片，单击"插入"按钮。

　　（4）通过功能区设置项精确设置图片的大小。选择插入的图片，在"图片工具-格式"选项卡下"大小"组中的"形状高度"和"形状宽度"增量框中输入数值，可以精确调整图片在文档中的大小。

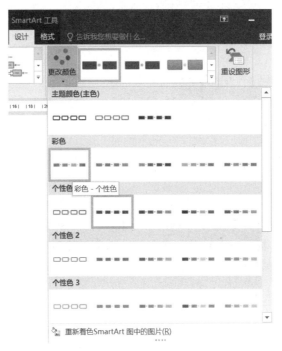

图 3-28　选择"彩色-个性色"颜色

图 3-29　"插入图片"对话框

注意：图片默认为锁定纵横比，如果同时修改图片的宽和高，需要选中图片，切换至"图片工具-格式"选项卡，单击"大小"组右下角的对话框启动器按钮 ，在弹出的"布局"对话框中取消勾选"锁定纵横比"复选框，再设定图片宽和高的值。

（5）调整图片版式。选中图片，切换到"图片工具-格式"选项卡，在"排列"组中单击"环绕文字"按钮，在打开的下拉列表中选择一种环绕选项，如选择"四周型"。设置效果如图 3-30 所示。

图 3-30　"SmartArt 练习"设置效果

【案例 4】制作邀请函。

操作要求：在 Word 文档中输入以下内容（不包括外边框），请用"邮件合并"功能在"尊敬的"和"（老师）"文字之间，插入拟邀请的专家和老师姓名，拟邀请的专家和老师姓名在"通讯录.xlsx"文件中。每页邀请函中只能包含 1 位专家或老师的姓名，所生成的邀请函文档请以"邀请函.docx"为名字保存在自己的文件夹中。

邀请函

尊敬的　　　　（老师）：

　　校学生会兹定于 2021 年 10 月 22 日，在本校大礼堂举办"大学生网络创业交流会"活动，特邀请您为我校学生进行指导和培训。

　　感谢您对我校学生会工作的大力支持。

校学生会　外联部

2021 年 10 月 8 日

操作过程与内容：

（1）打开 Word，输入上面的文字内容。

（2）将插入点置于"尊敬的"后，切换到"邮件"功能区，在"开始邮件合并"组中单击"开始邮件合并"按钮，在弹出的下拉列表中选择"邮件合并分步向导"，此时在窗口右侧会出现"邮件合并"窗格，如图 3-31 所示。

（3）在"选择文档类型"中选择"信函"。然后单击"下一步：开始文档"，选择"使用当前文档"。

（4）单击"下一步：选择收件人"，在"选择收件人"一栏中选择"使用现有列表"，并在"使用现有列表"中单击"浏览"按钮，打开"选取数据源"对话框，找到自己的文件夹，选择"通讯录.xlsx"，单击打开，在接下来出现的"选择表格"对话框、"邮件合并收件人"对话框中单击"确定"按钮。

（5）单击"下一步：撰写信函"，按照提示需要在文档中插入"收件人"的位置（如"尊敬的"后面）单击，然后单击"其他项目"，打开"插入合并域"对话框，如图 3-32 所示，默认选项不需要修改，单击"插入"及"关闭"按钮，可以看到"尊敬的"后面出现"«姓名»"域。

（6）单击"下一步：预览信函"，可以观察到第一个老师的名字出现在文档中的插入位置，单击窗格"收件人"的切换按钮，可在文档中查看各个收件人的姓名。

图 3-31　"邮件合并"窗格　　　　　　　图 3-32　"插入合并域"对话框

（7）单击"下一步：完成合并"，将文档保存为"邀请函.docx"，保存位置为自己的文件夹。

四、实践练习

1．打开自己文件夹中的"水调歌头"文档，进行以下操作：

（1）插入一幅图片，设置图片高度和宽度均缩放 50%，环绕方式为"衬于文字下方"。映像右透视，阴影向下偏移 10 磅。

（2）在正文的右下角添加一个文本框，输入"诗词欣赏"4 个字，要求横排、隶书、小三号字，且用绿色做底纹。

（3）给文档添加一幅艺术字，内容为"文学宝库"，设置为 3 行 1 列样式艺术字，字体为隶书、小初号字体，居中对齐，上下型环绕。

2．在 Word 中绘制如图 3-33 所示的流程图，并将所有图形组合为一个图形，命名为"流程图.docx"，并保存在自己的文件夹中。

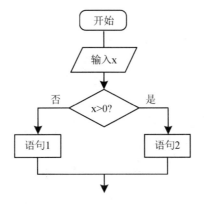

图 3-33　流程图效果图

提示：流程图中"是"和"否"两个字可以借助插入文本框输入。

3．新建一个文档，输入以下数学公式：

$$\sqrt[3]{\frac{a^2+b}{c-d}}$$

$$\int_L (x^2+y)ds + \sum_{i=1}^{10}(a_i^3+b_i^2)$$

4．新建 Word 文档，录入文字内容"行程：西栅－昭明书院－三寸金莲馆－乌镇大戏院－白莲塔寺"。然后将其修改为"交错流程"布局 SmartArt，颜色为"彩色-个性色"。

五、Word 综合大作业

要求学生结合本专业情况和计算机理论课专题内容，写一篇关于计算机技术在本专业中的应用或对自身专业发展的影响的文章。

1．内容要求：

（1）根据各自文章内容需要，上网查找相应资料，将查到的资料经过组织、筛选形成正文。

（2）根据各自文章内容需要，收集数据，用 Excel 图表或数据表的形式对文章中的论点提供数据支撑。

2．排版要求：

（1）将你所在的班级、学号和姓名写在页眉处。

（2）在页脚中设置页码和总页数。

（3）在文档中设置分栏、首字下沉、首行缩进。

（4）对艺术字、图片（版式、水印效果等）、文本框进行设置。

（5）设置段落格式：行距、段前和段后间距、项目符号和编号等。

（6）设置字符格式：字体、字号、字形、字符边框和底纹、字符加下划线、字符效果等。

（7）设置页面边框。

（8）进行页面设置：纸型为 A4 纸，上、下、左、右页面边距分别是 2 厘米、2.5 厘米、2 厘米、2 厘米。

（9）保存文档的文件名为"班级学号姓名"。

第 4 章　演示文稿软件 PowerPoint 2016

 本章实践的基本要求：

● 掌握制作演示文稿的基本操作方法。
● 掌握 PowerPoint 的文本、图片和声音等幻灯片元素的设置和操作。
● 掌握 PowerPoint 切换、动画等动态效果的设置。
● 掌握幻灯片放映与输出的方法。

实践 1　幻灯片的创建与编辑

一、实践目的

1．了解 PowerPoint 窗口的组成、视图方式及幻灯片的相关概念。
2．掌握演示文稿的创建及幻灯片的管理。
3．掌握幻灯片版式的选择、主题的应用与母版的设置。
4．掌握文本、图片、艺术字、表格、图表、页眉和页脚等元素的插入与编辑。
5．掌握声音与视频的插入与设置。
6．掌握相册的创建和使用。

二、实践准备

1．熟悉 PowerPoint 的启动和退出。
2．了解幻灯片的放映方法。
3．准备制作演示文稿的相关素材（如文字、图片、声音等）。
4．在某一磁盘（如 D:\）下以"PPT 操作练习"为名，建立一个文件夹，用于存放练习文件。

三、实践内容及步骤

【案例 1】"古诗欣赏"演示文稿的制作。
操作要求：
（1）创建一个新的演示文稿，包含 4 张幻灯片，输入相关文字。
（2）为各幻灯片设置版式：第一张、第四张幻灯片版式为"标题幻灯片"，第二张为"标题和内容"，第三张为"标题和竖排文字"。
（3）将演示文稿的主题设置为"环保"。
（4）在第二张幻灯片中插入图片，设置图片效果为"柔化边缘"，数值为 25 磅。
（5）选择一张图片作为第三张幻灯片的背景，并隐藏主题的背景图形。

操作过程与内容：

1．演示文稿的创建与文字输入

创建新演示文稿，制作第一张幻灯片，幻灯片版式为"标题幻灯片"，并输入文字。

（1）在"PPT 操作练习"文件夹中，右击，从快捷菜单中选择"新建"→"Microsoft PowerPoint 演示文稿"，将文件改名为"古诗欣赏"。双击文件"古诗欣赏"，启动 PowerPoint 2016，如图 4-1 所示。

图 4-1   PowerPoint 启动界面

（2）单击编辑区，系统会自动添加一张标题幻灯片，并显示 PowerPoint 的"普通"视图窗口，如图 4-2 所示。

图 4-2   PowerPoint 用户界面

（3）在幻灯片的工作区中，单击"单击此处添加标题"占位符，输入标题文字"古诗欣赏"。在"单击此处添加副标题"处输入"唐·李白"，并设置为右对齐，如图 4-3 所示。

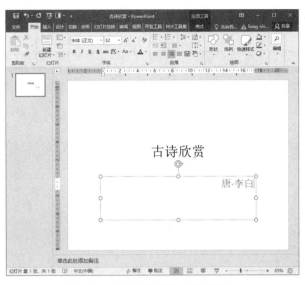

图 4-3　"古诗欣赏"标题幻灯片

（4）保存演示文稿。选择"文件"选项卡，然后选择"保存"命令，或单击"快速访问工具栏"上的"保存"按钮，保存幻灯片。

提示：在演示文稿的编辑过程中，通过按快捷键 Ctrl+S，或单击"快速访问工具栏"上的"保存"按钮，可随时保存编辑内容。

2. 幻灯片版式的使用

（1）创建"标题和内容"版式的幻灯片（第二张幻灯片）。在演示文稿"古诗欣赏"中，切换到"开始"选项卡，在"幻灯片"组中单击"新建幻灯片"下拉按钮，展开的版式列表如图 4-4 所示。

图 4-4　版式列表

单击"标题和内容"版式，则插入一张该版式的新幻灯片。输入标题文字和内容文字，文字设置为居中对齐，取消项目符号，如图 4-5 所示。

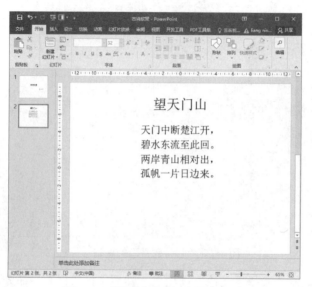

图 4-5　"标题和内容"版式幻灯片

　　（2）创建"标题和竖排文字"版式的幻灯片（第三张幻灯片）。在"开始"选项卡的"幻灯片"组，单击"新建幻灯片"下拉按钮，从幻灯片版式列表中，单击"垂直排列标题与文本"版式，插入新幻灯片，输入标题文字和内容文字，如图 4-6 所示。

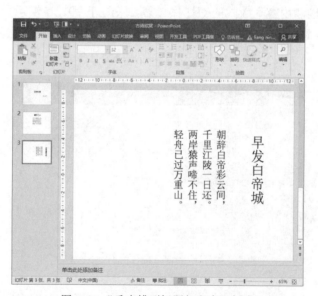

图 4-6　"垂直排列标题与文本"版式

　　（3）创建结束页幻灯片（第四张幻灯片）。从"新建幻灯片"下的幻灯片版式列表中，单击"标题幻灯片"版式，插入新幻灯片，在标题占位符输入标题文字"谢谢观看，再见！"。选中副标题占位符，按 Delete 键，将其删除。

　　这 4 张幻灯片创建后，其浏览视图效果如图 4-7 所示。

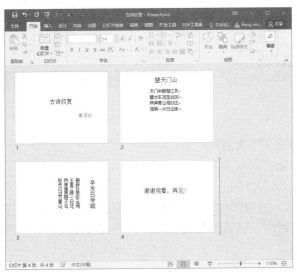

图 4-7　浏览视图效果

3. 幻灯片主题的使用

PowerPoint 内置了多种主题，应用主题的配色方案和字体样式可以快速制作出比较美观的幻灯片。可以在创建演示文稿时，先选择一种主题，也可以在演示文稿创建后，再选择主题或更改主题。在已创建的演示文稿中使用内置主题的操作方法如下：

在"古诗欣赏"幻灯片中，切换到"设计"选项卡，单击"主题"组右下角的"其他"按钮，打开主题样式列表，如图 4-8 所示。单击选择幻灯片主题为"环保"的缩略图，则该主题应用于整个演示文稿中。

适当调整文字的位置，保存演示文稿。完成效果如图 4-9 所示。

图 4-8　主题样式列表

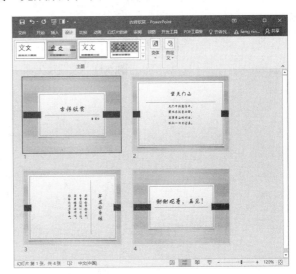

图 4-9　应用主题效果

4. 图片的插入与样式应用

在幻灯片中插入图片，可以在创建包含"内容"占位符的幻灯片中，单击内容中的图片快速操作按钮，选择图片插入；也可以不用占位符，使用"插入"选项卡"图像"组中的命令按钮直接插入。

（1）在幻灯片中插入图片。

1）打开演示文稿"诗词欣赏"，选择第二张幻灯片，单击"插入"选项卡中的"图片"按钮，如图 4-10 所示。

图 4-10　"插入"选项卡中的"图片"按钮

2）在打开的"插入图片"对话框中，选择要插入的图片"古风 1.jpg"。单击"插入"按钮，则图片插入到当前幻灯片中。

（2）应用图片样式。选中图片，适当调整图片的大小和位置。选择"图片工具-格式"选项卡，在"图片样式"组中，设置图片效果为"柔化边缘"，数值为 25 磅，如图 4-11 所示。完成效果如图 4-12 所示。

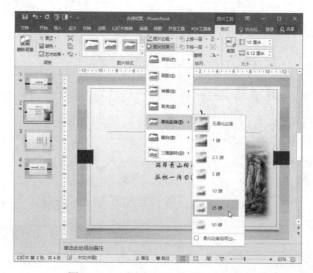

图 4-11　"图片工具-格式"选项卡

图 4-12　插入图片效果

5. 设置幻灯片的背景

为第三张幻灯片设置图片背景。在演示文稿"诗词欣赏"中，选择第三张幻灯片，单击"设计"选项卡中的"设置背景格式"按钮，打开"设置背景格式"窗格，如图 4-13 所示。

在"填充"选项下，选择"图片或纹理填充"，然后单击"插入图片来自"下的"文件"按钮，从打开的"插入图片"对话框中选择作为背景的图片"古诗背景.jpg"，则该图片作为"背景"插入到当前幻灯片中。为了画面美观，在"设置背景格式"窗格勾选"隐藏背景图形"复选框，设置适当的透明度。

"古诗欣赏"完成效果如图 4-14 所示。

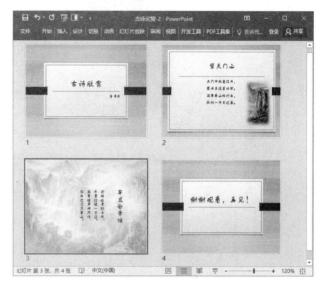

图 4-13 "设置背景格式"窗格   图 4-14 "古诗欣赏"完成效果

【案例 2】"我的大学生活"演示文稿的制作。

操作要求：

（1）创建一个新的演示文稿，选择主题为"丝状"，在第一张幻灯片中插入艺术字"我的大学生活"。

（2）在第二张幻灯片中输入目录文字，然后将内容文本转换为 SmartArt 图形。

（3）编辑幻灯片母版，修改标题文字的字体、字号和样式，并插入校徽图片。

（4）设置第三张幻灯片的版式为"两栏内容"，并输入文字。

（5）在第四张幻灯片中插入 2 张图片、1 个形状，设置图片样分别为"柔化边缘"和"金属框架"，在形状中添加文字。

（6）在第五张幻灯片中插入 4 行 4 列的课程表，输入文字，绘制表格框线。

（7）在第六张幻灯片中插入视频文件，设置为自动播放。

（8）在第一张幻灯片中插入音频文件，设置淡入、淡出效果，播放时自动开始，并"跨幻灯片播放""放映时隐藏"。

操作过程与内容：

1. 制作第一张幻灯片——标题幻灯片

（1）启动 PowerPoint 2016，在主题列表中，选择"丝状"主题，如图 4-15 所示。单击

"创建"按钮，则创建主题为"丝状"的演示文稿。保存演示文稿文件，命名为"我的大学生活"，如图4-16所示。

图 4-15　新建文件窗口

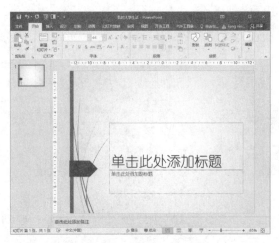

图 4-16　"丝状"主题

（2）在"开始"选项卡的"幻灯片"组中，打开版式列表，选择"空白"，则将当前幻灯片为空白版式。

（3）切换到"插入"选项卡，单击"文本"组中的"艺术字"，选择一种艺术字样式，如图4-17所示。

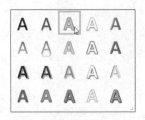

图 4-17　"艺术字"样式列表

（4）在幻灯片的工作区中，将艺术字"请在此放置您的文字"修改为标题文字"我的大学生活"，调整字号大小为"66"。

（5）选中艺术字，选择"绘图工具-格式"选项卡，从"艺术字样式"组中选择"文本效果"下的"转换"，在转换列表中选择"下弯弧"效果，如图 4-18 所示。

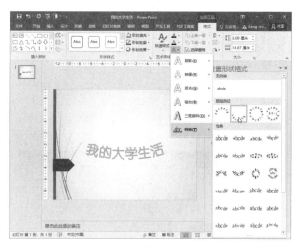

图 4-18　艺术字样式-文本效果

2. 制作第二张幻灯片——"目录"幻灯片

（1）单击"开始"选项卡的"新建幻灯片"下拉按钮，从展开的版式列表中选择"标题和内容"版式。

（2）在标题处输入"目录"，在内容处输入相关内容，如图 4-19 所示。

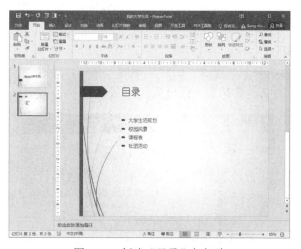

图 4-19　创建"目录"幻灯片

（3）选中内容文本框，单击"开始"选项卡"段落"组中的"转换为 SmartArt"，打开"转换为 SmartArt"图形列表，如图 4-20 所示。

（4）选择"垂直图片重点列表"，则将文字转换为 SmartArt 图形。单击图形中的图片图标，为每个图形插入相应图片。幻灯片完成效果如图 4-21 所示。

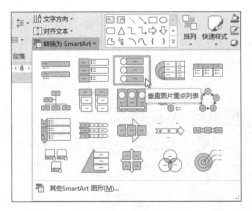

图 4-20 "转换为 SmartArt"图形列表

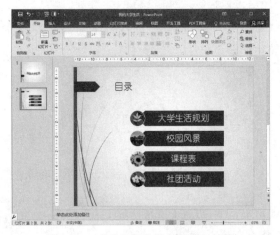

图 4-21 "垂直图片重点列表"效果

3. 设置幻灯片母版

（1）在"视图"选项卡下，单击"幻灯片母版"按钮，转换到"幻灯片母版"视图。在左侧的幻灯片母版缩略图中，选择第一张母版，如图 4-22 所示。

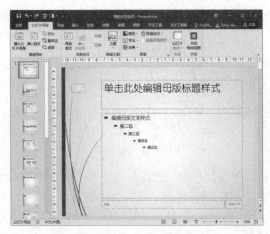

图 4-22 幻灯片母版窗口

（2）单击母版标题样式区，设置标题样式为华文隶书、40 号，字体颜色为"橄榄色，个性 5，深色 50%"；在幻灯片母版文本样式区中，设置第一级文本样式字号为 24 号，第二级文本样式字号为 20 号。

（3）在母版中插入图片。单击"插入"选项卡的"图片"按钮，插入校徽图片，调整到合适大小，放到幻灯片右上角，如图 4-23 所示。

关闭母版视图，修改母版后第二张幻灯片的显示效果如图 4-24 所示。

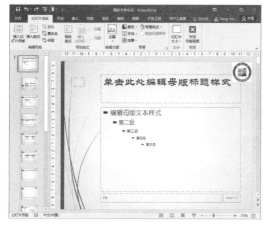

图 4-23　编辑母版及插入图片

图 4-24　母版修改效果

4. 制作第三张幻灯片——"大学生活规划"

新建幻灯片，幻灯片的版式选择为"两栏内容"。在标题占位符中输入"大学生活规划"；在两栏的文本内容占位符中依次输入相关内容，则幻灯片按照母版的设置安排版面。幻灯片完成效果如图 4-25 所示。

图 4-25　第三张幻灯片完成效果

5. 制作第四张幻灯片——"校园风景"

（1）新建幻灯片，版式选择为"标题和内容"，在标题中输入"校园风景"；在文本内容中输入相关内容，调整文本框的大小和位置，如图 4-26 所示。

（2）单击"插入"选项卡的"图片"按钮，选择准备好的两张图片，插入到幻灯片中，调整图片的大小和位置，如图 4-27 所示。

图 4-26　调整文本框

图 4-27　插入两张图片

（3）选择左侧图片，打开"图片工具-格式"选项卡，在"图片样式"组中打开"图片效果"列表，选择"柔化边缘"为"10磅"；再选择右侧图片，从"图片样式"列表中选择"金属框架"。完成效果如图 4-28 所示。

图 4-28　设置图片样式

（4）打开"插入"选项卡的"形状"列表，选择"圆角矩形标注"，如图 4-29 所示。

图 4-29　"形状"列表

在幻灯片上拖动插入该形状，从形状的"格式"选项卡中，设置"形状样式"为"细微效果-橙色，强调颜色 2"，如图 4-30 所示。

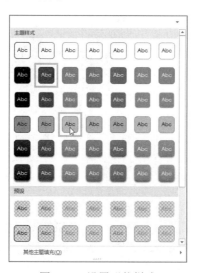

图 4-30　设置形状样式

右击形状，从快捷菜单中选择"编辑文字"，在形状中输入文字。调整文字的字号和对齐方式，并调整形状的大小和位置。幻灯片完成效果如图 4-31 所示。

6. 制作第五张幻灯片——"课程表"幻灯片

（1）新建幻灯片，版式选择为"标题和内容"，在标题中输入"课程表"；在内容区单击"插入表格"按钮。在弹出的"插入表格"对话框中输入 4 行 4 列，如图 4-32 所示。单击"确定"按钮，则在幻灯片中插入表格。

在表格中输入文字内容，设置表格文字格式为黑体、24号、居中对齐，如图4-33所示。

图4-31 第四张幻灯片完成效果

图4-32 "插入表格"对话框

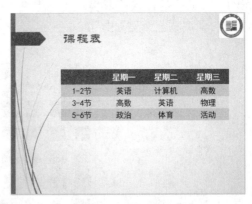

图4-33 输入表格内容

（2）绘制表格框线。选中表格，切换到"表格工具-设计"选项卡，如图4-34所示。在"绘制边框"组中，设置框线宽度为1.0磅；在"表格样式"组中，打开"边框"列表，设置该框线为表格的"内部框线"；再将框线宽度设置为2.25磅，将该线宽分别用于表格的上框线、下框线。

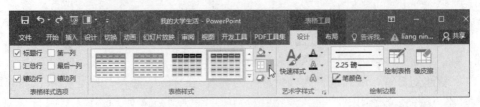

图4-34 "表格工具-设计"选项卡

（3）绘制斜线表头。将光标置于第一行第一列的单元格中，从"边框"下拉列表中选择"斜下框线"，输入文字内容，设置文字对齐。完成效果如图 4-35 所示。

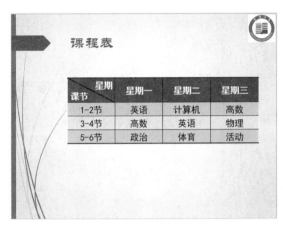

图 4-35　课程表完成效果

7．制作第六张幻灯片——"社团活动"幻灯片

（1）新建幻灯片，版式选择为"两栏内容"，在标题中输入"社团活动"。

在左侧占位符中输入相关文字，单击右侧占位符中的"插入视频文件"按钮，在弹出的"插入视频文件"对话框中选择"来自文件"，从本机中选择一个视频文件，如图 4-36 所示。单击"插入"按钮，则视频文件插入到幻灯片中，选中视频，单击视频下方的播放控制按钮，即可预览播放视频。

图 4-36　"插入视频文件"对话框

（2）设置视频。在"视频工具-格式"的视频样式列表中设置视频样式为"棱台左透视"，视频播放的开始方式为"自动"。再插入线条并调整各对象的大小和位置，幻灯片完成效果如图 4-37 所示。

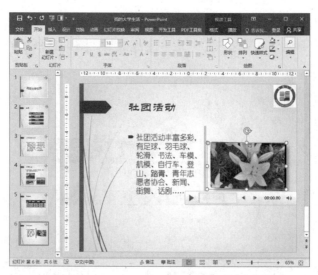

图 4-37　第六张幻灯片完成效果

8. 插入音频

（1）选择第一张幻灯片，切换到"插入"选项卡，单击"媒体"组中的"音频"选项，打开下拉列表，如图 4-38 所示。

图 4-38　"音频"下拉列表

（2）选择"PC 上的音频"，打开"插入音频"对话框，选中要插入的音频文件"背景音乐.wav"，单击"插入"按钮，则该音频文件插入到幻灯片中，如图 4-39 所示。插入音频后，在幻灯片上将显示一个表示音频文件的"小喇叭"图标，指向或单击该图标，将出现音频控制栏。单击"播放"按钮，可播放声音，并在控制栏中看到声音播放进度。

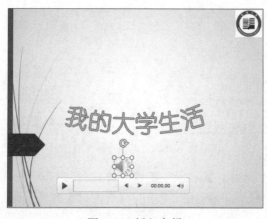

图 4-39　插入音频

（3）音频的设置。选中音频图标，打开"音频工具-播放"选项卡。设置"淡入"和"淡出"的持续时间为 01.50 秒；开始方式为"自动"；勾选"跨幻灯片播放"和"放映时隐藏"复选框，如图 4-40 所示。

图 4-40　音频播放设置

（4）播放幻灯片，观察效果。"我的大学生活"演示文稿完成效果如图 4-41 所示。

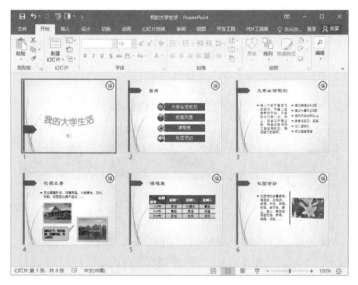

图 4-41　"我的大学生活"演示文稿完成效果

【案例 3】"我的相册"演示文稿的制作。

操作要求：

（1）创建一个新的相册文件，从本地磁盘中插入多张图片。设置"图片版式"为"2 张图片"，相册形状为"圆角矩形"，相册主题为 Integral，保存文件为"我的相册"。

（2）在"我的相册"演示文稿中插入"页眉和页脚"，内容包括可更新的日期和时间、幻灯片编号，页脚文字为"相册图片"。

操作过程与内容：

1. 创建相册

（1）启动 PowerPoint，创建空白演示文稿，切换到"插入"选项卡，单击"图像"组的"相册"按钮，在打开的下拉列表中选择"新建相册"选项，如图 4-42 所示。

（2）弹出"相册"对话框，在"相册内容"选项中，单击"文件/磁盘"按钮，选择从本地磁盘中插入图片，如图 4-43 所示。

（3）在弹出的"插入新图片"对话框中，选择要插入到相册的图片，可以选择一张或多张图片，如图 4-44 所示。

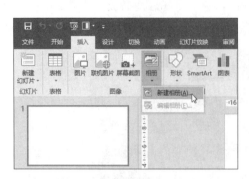

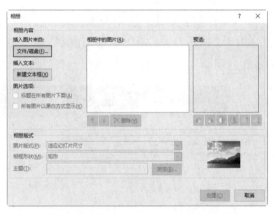

图 4-42 "新建相册"选项   图 4-43 "相册"对话框

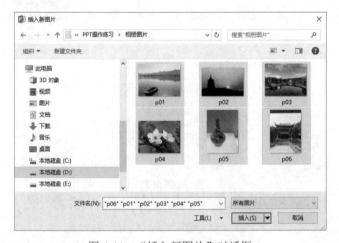

图 4-44 "插入新图片"对话框

（4）单击"插入"按钮，返回"相册"对话框。在"相册版式"栏中，设置"图片版式"为"2 张图片"，"相册形状"为"圆角矩形"。单击"主题"文本框右侧的"浏览"按钮，打开"选择主题"对话框，选择主题为 Integral，如图 4-45 所示。

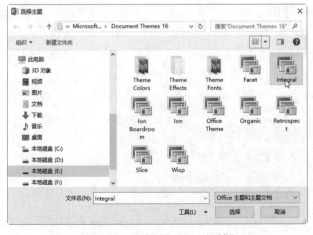

图 4-45 "选择主题"对话框

（5）返回"相册"对话框，相册设置如图 4-46 所示。单击"创建"按钮，则生成相册演示文稿，保存演示文稿为"我的相册"。

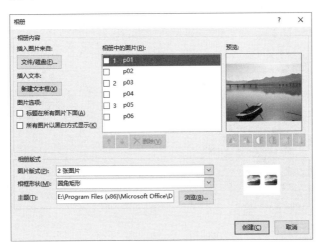

图 4-46　相册设置

相册演示文稿的浏览视图如图 4-47 所示。

图 4-47　"我的相册"完成效果

2. 设置页眉与页脚

（1）打开演示文稿"我的相册"，在"插入"选项卡中，单击"文本"组的"页眉和页脚"，如图 4-48 所示。

图 4-48　"插入"选项卡

（2）在弹出的"页眉和页脚"对话框中，选择"幻灯片"选项卡，在"幻灯片包含内容"

下，选择"日期和时间"，并设置为"自动更新"；勾选"幻灯片编号"复选框；勾选"页脚"复选框，输入页脚文字"相册图片"，并勾选"标题幻灯片中不显示"复选框，如图4-49所示。

图 4-49 "页眉和页脚"对话框

（3）单击"全部应用"按钮，返回幻灯片。适当调整文字格式和位置，完成效果如图4-50所示。

图 4-50 "页眉和页脚"设置效果

四、实践练习

1. 参照实践内容，独立完成一个主题鲜明、内容健康、艺术性强的演示文稿（如：我的大学生活、个人求职简历、某个培训讲解或公司产品介绍等）。

要求：

（1）第一张为标题页，含有主标题和副标题。

（2）第二张为目录页。

（3）幻灯片内容要丰富充实、层次清楚、背景美观、图文并茂。

（4）幻灯片要采用不同的版式和设计主题，编辑修改母版，插入文本、图片、艺术字、表格、图表及多媒体信息。

2．使用相册功能，按某一主题搜索图片，创建一个相册。

五、实践思考

1．在 PowerPoint 中有几种视图方式？它们适用于何种情况？

2．怎样为幻灯片设置背景格式？

3．已经创建好的幻灯片，能否修改幻灯片的版式？

4．幻灯片母版的作用是什么？如何隐藏幻灯片母版的背景图形？

5．如何为一个演示文稿中的不同幻灯片应用不同的主题？

实践 2　幻灯片的动态效果与放映设置

一、实践目的

1．掌握幻灯片的切换设置方法。

2．掌握幻灯片的动画设置方法。

3．掌握动作按钮和超链接的设置与使用。

4．掌握演示文稿放映方式的设置。

5．掌握演示文稿的保存与输出。

二、实践准备

1．熟悉幻灯片的放映方法。

2．准备好实践 1 中已经制作完成的 3 个演示文稿："古诗欣赏""我的大学生活"和"我的相册"。

3．在某一盘符（如 D:\）下以"PPT 操作练习"为名字建立一个文件夹，将用于操作的演示文稿保存在该文件夹中。

三、实践内容及步骤

【**案例 1**】设置幻灯片的切换效果。

操作要求：

（1）打开演示文稿"古诗欣赏"，设置第一张幻灯片的切换效果为"推进"，方向为"自左侧"；第二张幻灯片的切换效果为"时钟"，切换时的声音效果为"风铃"；.第三张幻灯片的切换效果为"摩天轮"；第四张幻灯片的切换效果为"帘式"，持续时间为 4 秒。

（2）打开演示文稿"我的相册"，设置所有幻灯片的切换效果为"涟漪"。

操作过程与内容：

1．添加切换效果

（1）打开演示文稿"古诗欣赏"，选中第一张幻灯片，选择"切换"选项卡，在"切换到此幻灯片"组中选择切换效果为"推进",如图4-51所示。

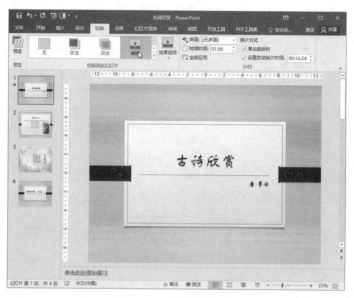

图4-51　切换效果选择

设置后,在窗口左侧的导航区中,可以看到切换效果标志,单击"切换"选项卡下的"预览"按钮,查看切换效果。

单击"切换"样式列表的"其他"按钮,打开"切换"样式列表,如图4-52所示,可以从中选择多种切换效果。

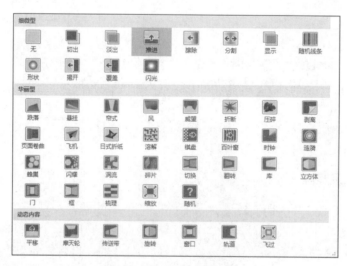

图4-52　"切换"样式列表

(2)选择第二张幻灯片,设置切换效果为"时钟";设置第三张幻灯片的切换效果为"摩天轮";设置第四张幻灯片的切换效果为"帘式"。

(3)放映幻灯片,观看切换效果。第四张幻灯片切换效果"帘式"的动态变化过程如图4-53所示。

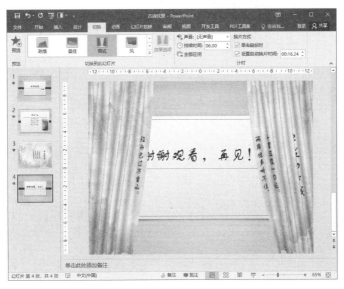

图 4-53　"帘式"切换效果

2. 设置切换效果

（1）打开演示文稿"诗词欣赏"，转换到"切换"选项卡。选中第一张幻灯片，在"切换到此幻灯片"组中的"效果选项"中，选择"自左侧"，即让幻灯片切换的"推进"效果自左侧开始，如图 4-54 所示。

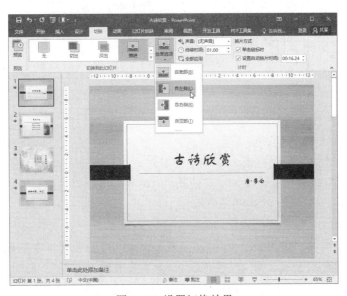

图 4-54　设置切换效果

（2）选中第二张幻灯片，在"切换"选项卡的"计时"组中，设置切换时的声音效果为"风铃"，如图 4-55 所示。

（3）选中第四张幻灯片，将"计时"组中的持续时间改为"04.00"，即改为 4 秒。放映幻灯片，观看修改后的切换效果。

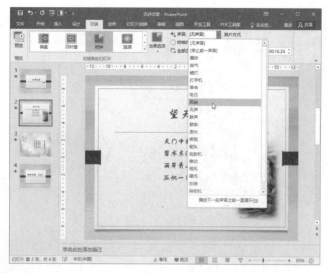

图 4-55   设置切换声音效果

3. 切换效果用于多张幻灯片

（1）打开演示文稿"我的相册"，选中第一张幻灯片，在"切换"选项卡下，从切换效果的列表中选择幻灯片切换效果为"涟漪"。

（2）在"切换"选项卡的"计时"组中，单击"全部应用"按钮，如图 4-56 所示，则该切换效果应用于演示文稿的所有幻灯片。

图 4-56   切换效果用于全部幻灯片

（3）放映演示文稿，观察切换效果。

【案例 2】设置幻灯片的动画效果。

幻灯片的动画效果，是指在演示文稿的放映过程中，每张幻灯片上的文本、图形、图表等对象进入屏幕时的动画显示效果。PowerPoint 的动画效果包括进入动画、强调动画和退出动画的效果。

操作要求：

（1）打开演示文稿"我的大学生活"，设置第一张幻灯片中艺术字的动画效果为"旋转"。

（2）在第四张幻灯片中，设置左侧图片的动画效果为"飞入"，方向为"自左侧"；圆角矩形动画效果为"擦除"，方向为"自底部"；右侧图片动画效果为"十字形扩展"，"方向"为"切出"，形状为"加号"。

（3）在第四张幻灯片中，设置内容文本框的动画效果为"淡出"，并为其添加强调动画"跷跷板"。

（4）在第四张幻灯片中，为标题"校园风景"设置动作路径动画为"形状"。

（5）在第四张幻灯片中，打开"动画窗格"，调整动画的播放顺序。

4. 添加路径动画效果

在"我的大学生活"演示文稿中，选择第四张幻灯片"校园风景"，选中标题，从"动作路径"列表中选择"形状"，如图 4-62 所示。

图 4-62　添加"动作路径"动画

5. 设置动画播放顺序

打开"我的大学生活"演示文稿，选中第四张幻灯片"校园风景"，切换到"动画"选项卡，在编辑窗口中可以看到带方框的数字，数字序号代表各动画的出现顺序。单击"高级动画"组中的"动画窗格"按钮，打开"动画窗格"，如图 4-63 所示。在右侧的"动画窗格"中拖动每个动画在列表中的位置，就可以改变动画的播放顺序。

图 4-63　动画窗格

调整后的效果如图 4-64 所示。

图 4-64　调整后的动画播放顺序

【案例 3】动作按钮、超链接的使用。

操作要求：

（1）打开演示文稿"我的大学生活"，在第五张幻灯片（课程表）中插入"动作按钮"，超链接到"第一张幻灯片"。

（2）在第二张幻灯片中插入超链接，将目录文字分别链接到对应的幻灯片上。

操作过程与内容：

1. 动作按钮的使用

（1）打开演示文稿"我的大学生活"，选择第五张幻灯片（课程表），在"插入"选项卡的"插图"组中，单击"形状"按钮，在弹出的下拉列表中找到"动作按钮"，如图 4-65 所示。

（2）单击动作按钮"第一张"，在幻灯片中按住鼠标左键拖动，绘制出该按钮的大小与形状，松开鼠标后，自动弹出"操作设置"对话框，设置超链接到"第一张幻灯片"，如图 4-66 所示。

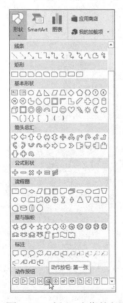

图 4-65　插入动作按钮　　　　　图 4-66　"操作设置"对话框

（3）单击"确定"按钮，则在幻灯片上添加了"超链接到第一张幻灯片"的动作按钮，如图 4-67 所示，播放幻灯片，单击动作按钮，就可以跳转到第一张幻灯片。

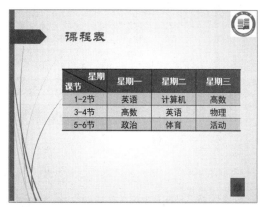

图 4-67　添加动作按钮

2. 插入超链接

（1）在演示文稿"我的大学生活"中，单击第二张"目录"幻灯片，选中文字"大学生活规划"，单击"插入"选项卡的"超链接"按钮，在弹出的"插入超链接"对话框中，从左侧"链接到"列表中选择"本文档中的位置"，再从文档中选择幻灯片"3. 大学生活规划"，如图 4-68 所示。单击"确定"按钮，则建立指向本文档内幻灯片的超链接。

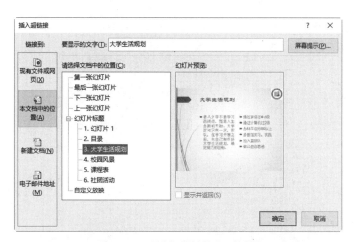

图 4-68　"插入超链接"对话框

（2）用同样方法依次建立指向其他页的超链接，如图 4-69 所示。幻灯片播放时，单击超链接可转到相应幻灯片上。

【案例 4】幻灯片的放映设置。

操作要求：

（1）打开演示文稿"我的相册"，设置放映类型为"观众自行浏览（窗口）"，"放映选项"选为"循环放映　按 ESC 键终止"。

（2）打开演示文稿"古诗欣赏"，进行排列计时操作，保存幻灯片的计时，播放查看效果。

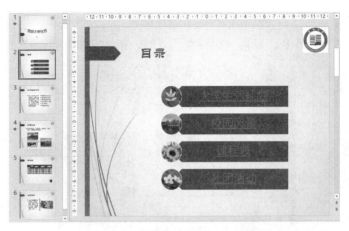

图 4-69   "插入超链接"完成效果

（3）打开演示文稿"古诗欣赏"，在幻灯片放映时，将鼠标指针变成"笔"，进行标注放映操作。

操作过程与内容：

1．设置幻灯片的放映方式

（1）打开演示文稿"我的相册"，切换到"幻灯片放映"选项卡，在"设置"组中单击"设置幻灯片放映"按钮，如图 4-70 所示。

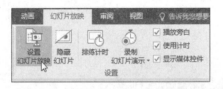

图 4-70   "幻灯片放映"选项卡

（2）在弹出的"设置放映方式"对话框中，"放映类型"选择"观众自行浏览（窗口）"，"放映选项"选为"循环放映 按 ESC 键终止"，如图 4-71 所示。

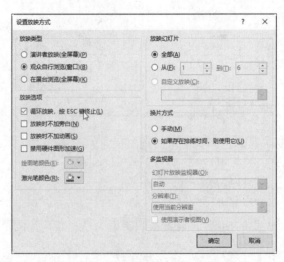

图 4-71   "设置放映方式"对话框

（3）单击"确定"按钮，返回幻灯片。放映幻灯片，幻灯片以窗口显示，如图 4-72 所示。

图 4-72　"观众自行浏览（窗口）"效果

2. 设置排练计时

（1）打开演示文稿"古诗欣赏"，在"幻灯片放映"选项卡的"设置"组中，单击"排练计时"按钮，如图 4-73 所示。

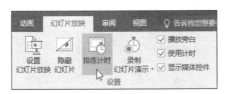

图 4-73　"排练计时"按钮

（2）进入"排练计时"放映状态，幻灯片全屏显示，同时窗口上出现"录制"工具栏，并在"幻灯片放映时间"框中开始计时，如图 4-74 所示。一张幻灯片放映完成后，单击切换到下一张幻灯片。

图 4-74　"排练计时"操作

（3）播放到幻灯片末尾时，出现如图 4-75 所示的提示信息对话框。单击"是"按钮，保留排练时间。

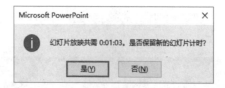

图 4-75　"排练计时"提示信息对话框

（4）返回幻灯片，在"幻灯片浏览"视图中，在每张幻灯片的缩略图下都可以看到排练计时的时间，如图 4-76 所示。播放幻灯片，观察排练计时的效果。

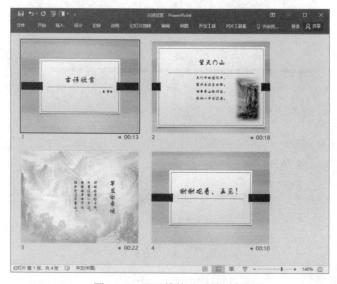

图 4-76　显示排练计时的时间

提示： 如果在"设置放映方式"对话框中，"换片方式"选择了"手动"，则不应用排练计时来自动换片。

3．标注放映

（1）打开演示文稿"古诗欣赏"，进入"幻灯片放映"视图，在屏幕上右击，从弹出快捷菜单中选择"指针选项"下的"笔"，如图 4-77 所示。

（2）鼠标指针变成圆点的笔形，可以在幻灯片上直接勾画或书写，如图 4-78 所示。

图 4-77　"指针选项"子菜单

图 4-78　标注放映效果

（3）幻灯片放映结束时，系统会弹出"是否保留墨迹注释"对话框中，选择"放弃"，则不保留墨迹注释，如图 4-79 所示。

图 4-79　标注放映提示信息框

【案例 5】演示文稿的保存与输出。

操作要求：

（1）打开演示文稿"我的相册"，将演示文稿保存为"PowerPoint 放映（.ppsx）"文件。

（2）打开演示文稿"我的相册"，将演示文稿保存为"GIF 可交换的图形格式"。

（3）打开演示文稿"古诗欣赏"，将演示文稿输出为 PDF 文档。

操作过程与内容：

1. 将演示文稿保存为"PowerPoint 放映（.ppsx）"文件

（1）打开演示文稿"我的相册"，切换到"文件"选项卡，单击"另存为"命令，选择保存文件的位置为"D:\PPT 操作练习"，弹出"另存为"对话框，如图 4-80 所示。

（2）单击打开"保存类型"下拉列表，选择保存类型为"PowerPoint 放映"，文件名为"我的相册"，如图 4-81 所示。单击"保存"按钮，即将演示文稿保存为"PowerPoint 放映（.ppsx）"文件。

图 4-80　"另存为"对话框

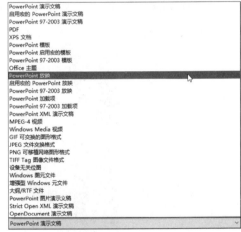

图 4-81　文件"保存类型"列表

（3）打开"PPT 操作练习"文件夹，双击新生成的文件"我的相册.ppsx"，观看播放效果。

2. 将演示文稿保存为"GIF 可交换的图形格式"

（1）打开演示文稿"我的相册"，单击"文件"选项卡的"另存为"命令，在弹出的"另存为"对话框中，选择保存类型为"GIF 可交换的图形格式"，文件名为"我的相册"。

（2）在弹出的 PowerPoint 提示信息对话框中，选择"所有幻灯片"，如图 4-82 所示。

图 4-82　导出幻灯片信息对话框

（3）打开"PPT 操作练习"文件夹，可以看到新建了"我的相册"文件夹，在文件夹中每张幻灯片以 GIF 图片格式保存，如图 4-83 所示。

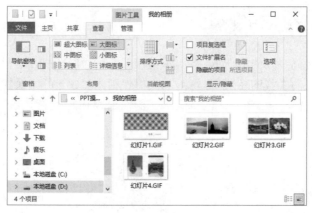

图 4-83　GIF 图片文件格式

3. 将演示文稿输出为 PDF 文档

（1）打开演示文稿"古诗欣赏"，选择"文件"选项卡，然后选择"导出"命令，在"导出"列表中，选择"创建 PDF/XPS 文档"，单击"创建 PDF/XPS"按钮，如图 4-84 所示。

图 4-84　文件导出选择列表

（2）在弹出的"发布为 PDF 或 XPS"对话框中，文件类型选择为默认的 PDF，选择保存路径为"D:\PPT 操作练习"，文件名为"古诗欣赏"，如图 4-85 所示。

图 4-85　"发布为 PDF 或 XPS"对话框

（3）单击"发布"按钮，即可将演示文稿转换为 PDF 文档。转换完成后，该文档将用 PDF 阅读器自动打开，如图 4-86 所示。

图 4-86　导出为 PDF 文档的打开效果

四、实践练习

1. 打开在"实践 1"的"实践练习"中自己完成的演示文稿，进行如下设置：
（1）为目录页（第二页）与后面的幻灯片建立超链接。
（2）设置幻灯片的切换效果。
（3）设置幻灯片的动画效果。
（4）设置放映方式为"演讲者放映"，放映选项为"循环放映"。
（5）将演示文稿保存为 PDF 文档。
2. 创建演示文稿"中国茶文化"。
（1）新建空白演示文稿，命名为"中国茶文化"，包含 5 张幻灯片，第一张幻灯片版式为"标题幻灯片"，第二至五张幻灯片版式为"标题和内容"，输入文字，如图 4-87 所示。

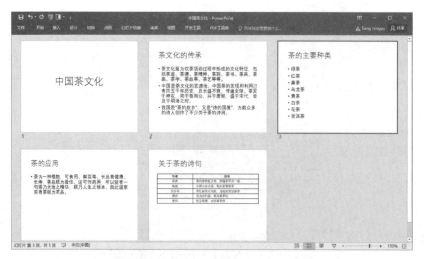

图 4-87   "中国茶文化"幻灯片初图

（2）在"中国茶文化"演示文稿中完成下列编辑操作：

1）设置幻灯片主题为"木材纹理"。

2）在第一张幻灯片中插入用图片作为填充背景的艺术字。步骤如下：

在"插入"选项卡单击"艺术字"，在艺术字样式列表中选择艺术字样式，如图 4-88 所示，输入艺术字文字"茶"。

选中艺术字，从"艺术字样式"组的"文本效果"中，选择"转换"→"弯曲"→"正方形"，如图 4-89 所示。在艺术字的"大小"中设置艺术字宽、高都为 7 厘米。

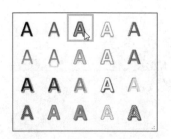

图 4-88   选择艺术字样式

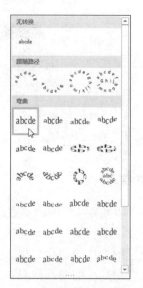

图 4-89   设置艺术字文本效果

从"艺术字样式"组的"文本填充"中，选择"图片"填充，将图片"茶背景.jpg"作为背景填充到文字中。完成效果如图 4-90 所示。

3）将第二张幻灯片"茶文化的传承"的版式改为"两栏内容"，在右侧插入图片"茶 1.jpg"，图片大小缩放为 40%。

图 4-90　"中国茶文化"幻灯片初图

4）将第三张幻灯片中的文本区域转换为"基本日程表"版式的 SmartArt 图形对象。

5）在第四张幻灯片中插入两张图片："茶 2.jpg""茶 3.jpg"。设置左侧图片的样式为"圆形对角，白色"，右侧图片样式为"映像圆角矩形"。

6）编辑幻灯片的母版，在所有幻灯片母版的右上角插入图片"茶标志.jpg"，适当调整大小和位置。

7）在第五张幻灯片中，设置表格样式为"中度样式 1-强调 4"，设置第五张幻灯片的背景为"纹理填充"→"信纸"，并隐藏背景图案。

8）为第二张幻灯片中的文字"茶的诗词"设置超链接，指向第五张幻灯片。

9）为所有幻灯片添加页脚"中国茶文化"，设置自动更新的日期和时间，格式为****年*月*日，标题页除外。

10）在第五张幻灯片中插入动作按钮，超链接到"第一张幻灯片"。

幻灯片完成效果如图 4-91 所示。

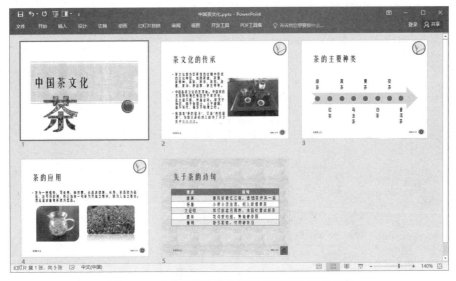

图 4-91　"中国茶文化"演示文稿设计完成效果

（3）在"中国茶文化"演示文稿中进行下列编辑与动态效果设置：

1）设置第一张幻灯片的切换效果为"帘式"，持续时间为 04.00 秒，声音效果为"风铃"；设置第二至五张幻灯片的切换效果为"风"，第三张、第五张幻灯片的效果选项为"向左"。

2）设置第二张幻灯片中文字的进入动画效果为"浮入"，图片的进入动画效果为"飞入"，方向自右侧。

设置第一张幻灯片中艺术字"茶"的动画效果为"动作路径"→"形状"。

3）在第一张幻灯片中插入一个音频文件"音乐 1.mp3"作为幻灯片的背景音乐，跨幻灯片播放，放映时隐藏图标。

4）为第一张幻灯片添加备注"主讲人：茶博士"。

5）设置幻灯片的放映类型为"观众自行浏览"。

6）将编辑好的幻灯片以文件名"中国茶文化"保存，并将当前文件导出为 PDF 文件，保存文件名为"中国茶文化.pdf"。

五、实践思考

1．如何修改幻灯片中各对象动画效果的播放顺序？

2．如何删除幻灯片的切换效果？如何删除幻灯片的动画效果？

3．如何录制并保存排练计时？

4．如何将一个演示文稿安装到另一台未安装 PowerPoint 软件的计算机上去演示？

第 5 章　电子表格软件 Excel 2016

 本章实践的基本要求：

- 掌握 Excel 工作簿、工作表及单元格的基本操作。
- 掌握各种类型数据的输入方法及快速填充数据的方法。
- 掌握工作表的格式设置及美化操作。
- 熟练使用公式和常用函数进行计算。
- 掌握数据管理与分析方法。
- 掌握使用图表呈现数据的方法。

实践 1　Excel 的基本操作

一、实践目的

1. 掌握 Excel 电子表格中的基本概念。
2. 熟练掌握工作簿和工作表的基本操作方法。
3. 熟练掌握各种类型数据及快速输入数据的方法。
4. 熟练掌握设置数据格式、单元格格式及应用样式美化数据表的方法。
5. 熟练掌握条件格式的应用。

二、实践准备

1. 理解 Excel 的基本概念：单元格、区域、工作表、工作簿、填充柄、样式。
2. 熟悉 Excel 的操作界面。
3. 所有素材工作簿在"实践 1"文件夹下。

三、实践内容及步骤

【案例 1】新建工作簿和工作表。

在"实践 1"文件夹下创建一个 Excel 工作簿，命名为"员工信息管理.xlsx"。

操作要求：

（1）在工作簿下新建工作表，并分别命名为"员工基本信息""岗位与职务"和"值班表"。

（2）在"员工基本信息"工作表中，输入数据表（数据表结构：员工号、姓名、性别、身份证号、参加工作时间、学历、联系电话），并输入 2～3 名员工的信息。

（3）打开"公司员工信息库"工作簿，将包含员工工资的工作表复制到"员工信息管理"工作簿。

操作过程与内容：

（1）新建 Excel 工作簿。在"实践 1"文件夹下右击，在弹出的快捷菜单中选择"新建"
→"Microsoft Excel 工作表"命令，如图 5-1 所示，改写新建工作簿的主文件名，将"新建
Microsoft Excel 工作表"修改为"员工信息管理"，扩展名.xlsx 不变，如图 5-2 所示。

图 5-1　用右键快捷菜单新建工作簿

图 5-2　在此状态为新建的工作簿重命名

（2）新建工作表并重新命名。单击 Sheet1 工作表标签旁的加号即"新建工作表"按钮，
新建两个工作表，如图 5-3 所示。双击工作表标签或在工作表标签上右击，在快捷菜单中选择
"重命名"命令，分别将三个工作表重命名为"员工基本信息""岗位与职务"和"值班表"。

图 5-3　工作表标签和新建工作表按钮

（3）录入数据。在"员工基本信息"工作表中从 A1 单元格开始，输入数据表的结构数
据：员工号、姓名、性别、身份证号、参加工作时间、学历、联系电话。并在下面行中输入 2～
3 位员工的信息。效果如图 5-4 所示。

图 5-4　输入了数据的"员工基本信息"工作表

数据录入提示：

● 输入身份证号时要先在英文标点状态下输入单引号，输入联系电话时也如此。

● 输入日期型数据，年、月、日用英文标点状态下"-"（减号）或"/"（除号）分隔。

● 为身份证号（D1 单元格）添加批注，批注内容为"完全虚构，如有雷同，纯属巧合！"

● 利用数据验证实现数据选择输入。

"性别"字段（C 列）的数据中只能输入"男"和"女"两个值，可以通过 Excel 的数据
验证功能来限定数据的输入范围，提高输入效率，防止输入错误。设置方法如下：

1）选择 C2:C4 单元格区域，在功能区选择"数据"→"数据工具"→"数据验证"，打开"数据验证"对话框，如图 5-5 所示，设置性别列的数据验证规则。

2）在"允许"组合框中选择"序列"，在"来源"文本框中输入：男,女（数据项之间用英文标点逗号分隔），勾选"提供下拉箭头"复选框，单击"确定"按钮完成设置（"输入信息"和"出错警告"采用默认设置即可）。

3）设置后的"性别"列可在提供的下拉列表中选择数据录入，如图 5-6 所示。

图 5-5　"数据验证"对话框

图 5-6　从列表中选择数据

（4）打开工作簿。选择"文件"→"打开"→"浏览"命令，在弹出的"打开"对话框，找到桌面上的"实践 1"文件夹，打开该文件夹中的工作簿"公司员工信息库.xlsx"。

（5）复制工作表。在"公司员工信息库"工作簿中，找到"员工工资"工作表，在工作表标签处右击，在如图 5-7 所示的快捷菜单中选择"移动或复制"命令，在弹出的如图 5-8 所示的对话框中选择工作簿为"员工信息管理.xlsx"，选择在"值班表"工作表之前插入，勾选"建立副本"复选框，单击"确定"按钮之后，将工作表复制到"岗位与职务"工作表之后，"值班表"工作表之前。

图 5-7　工作表标签右键菜单

图 5-8　"移动或复制工作表"对话框

（6）保存工作簿。按快捷键 Ctrl+S 或选择"文件"→"保存"命令，保存当前的"员工信息管理"工作簿。

【案例 2】工作表中数据的基本操作。

操作要求：

打开“公司员工信息库”工作簿，在如图 5-9 所示的“值班表”工作表中按如下要求进行操作，完成效果如图 5-10 所示。

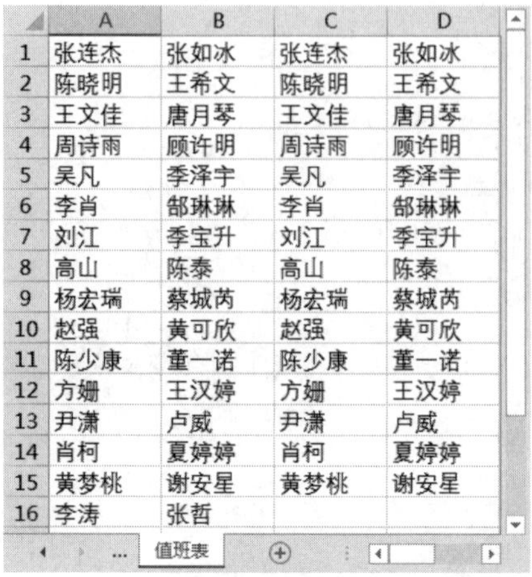

	A	B	C	D
1	张连杰	张如冰	张连杰	张如冰
2	陈晓明	王希文	陈晓明	王希文
3	王文佳	唐月琴	王文佳	唐月琴
4	周诗雨	顾许明	周诗雨	顾许明
5	吴凡	季泽宇	吴凡	季泽宇
6	李肖	郜琳琳	李肖	郜琳琳
7	刘江	季宝升	刘江	季宝升
8	高山	陈泰	高山	陈泰
9	杨宏瑞	蔡城芮	杨宏瑞	蔡城芮
10	赵强	黄可欣	赵强	黄可欣
11	陈少康	董一诺	陈少康	董一诺
12	方姗	王汉婷	方姗	王汉婷
13	尹潇	卢威	尹潇	卢威
14	肖柯	夏婷婷	肖柯	夏婷婷
15	黄梦桃	谢安星	黄梦桃	谢安星
16	李涛	张哲		

图 5-9 “值班表”工作表中的原始数据

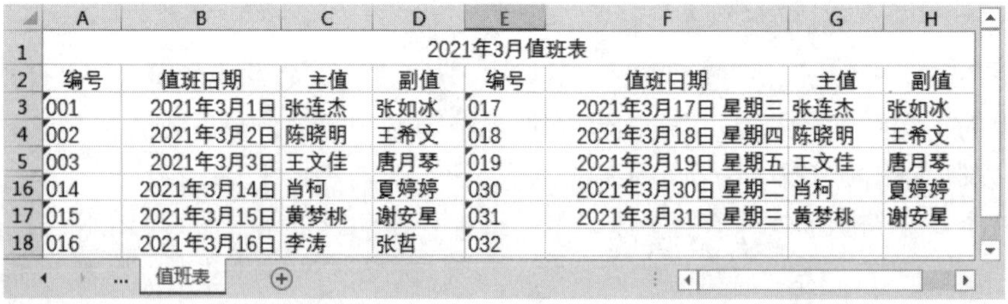

	A	B	C	D	E	F	G	H
1	2021年3月值班表							
2	编号	值班日期	主值	副值	编号	值班日期	主值	副值
3	001	2021年3月1日	张连杰	张如冰	017	2021年3月17日 星期三	张连杰	张如冰
4	002	2021年3月2日	陈晓明	王希文	018	2021年3月18日 星期四	陈晓明	王希文
5	003	2021年3月3日	王文佳	唐月琴	019	2021年3月19日 星期五	王文佳	唐月琴
16	014	2021年3月14日	肖柯	夏婷婷	030	2021年3月30日 星期二	肖柯	夏婷婷
17	015	2021年3月15日	黄梦桃	谢安星	031	2021年3月31日 星期三	黄梦桃	谢安星
18	016	2021年3月16日	李涛	张哲	032			

图 5-10 完成操作后“值班表”中的数据

（1）插入行/列：分别在第一行前插入两个空行，在 A 列和 C 列数据前插入两个空列。

（2）填充序列：分别在 A 列和 E 列填充编号 001～031；在 B 列和 F 列填充日期 2021-3-1 到 2021-3-31。

（3）输入列标题：编号、值班日期、主值、副值。

（4）设置日期格式：设置 B 列每个值班日期的格式为长日期格式，如“2021 年 3 月 1 日”；设置 F 列每个值班日期属于星期几，例如日期为“2021/3/17”的单元格应显示为“2021 年 3 月 17 日 星期三”（注意：日期和星期之间有空格）。

（5）合并单元格：将 A1:H1 合并，输入数据表标题“2021 年 3 月值班表”。

操作过程与内容：

（1）插入行/列：在行号 1 和 2 处拖拽鼠标，选中图 5-9 数据表中的前两行，右击，选择“插入”命令，在第一行数据前插入两个空行；在 C 列和 D 列的列标处拖拽鼠标选中这两列，右击，选择“插入”命令，在 C 列数据前插入两个空列；使用同样的方法在 A 列数据前插入两个空列。

（2）填充数据：在 A3 单元格输入英文半角单引号再输入 001，按 Enter 键，用鼠标按住

A3 单元格的填充柄向下拖拽至 A18 单元格，完成序列 001～016 的填充；在 B3 单元格中输入日期 2021-3-1，之后在 B3 单元格的填充柄处双击，向下填充。使用同样的方法在 E 列和 F 列填充数据。

（3）输入列标题：分别在 A2:D2 单元格中输入相应的列标题，选中 A2:D2 区域，按快捷键 Ctrl+C 复制，选中 E2 单元格，按快捷键 Ctrl+V 粘贴。

（4）设置日期型数据格式：选中 B3:B18 区域，选择"开始"选项卡"数字"组"日期"下拉列表中的"长日期"，如图 5-11 所示；选中 F3:F18 区域，单击"开始"选项卡"数字"组右下角的更多选项按钮 ，弹出如图 5-12 所示的"设置单元格格式"对话框，在"分类"下拉列表中选择"自定义"，在"类型"下拉列表中选择"yyyy"年"m"月"d"日""，在类型文本框中输入空格 aaaa，单击"确定"按钮完成格式设置。

图 5-11　常用数据格式列表　　　　　图 5-12　"设置单元格格式"对话框

（5）单元格合并居中：选中 A1:H1 区域，选择"开始"选项卡"对齐方式"组中"合并后居中"命令 ，在合并后的单元格 A1 中输入数据表标题"2021 年 3 月值班表"，之后保存工作簿。

【案例 3】基本的格式化工作表。

打开"公司员工信息库"工作簿中的"岗位与职务"工作表，设置其工作表格式。

操作要求如下：

（1）设置工作表第一行为：行高 28，文字黑体、14 号；在 A1:D1 范围内跨列居中。

（2）设置 A2:D18 单元格区域边框为：蓝色、单实线内边框，双实线外边框。

（3）设置 A2:D2 单元格区域为：字体宋体、白色，加粗；填充为深蓝色、浅蓝双色水平渐变。设置后效果如图 5-13 所示。

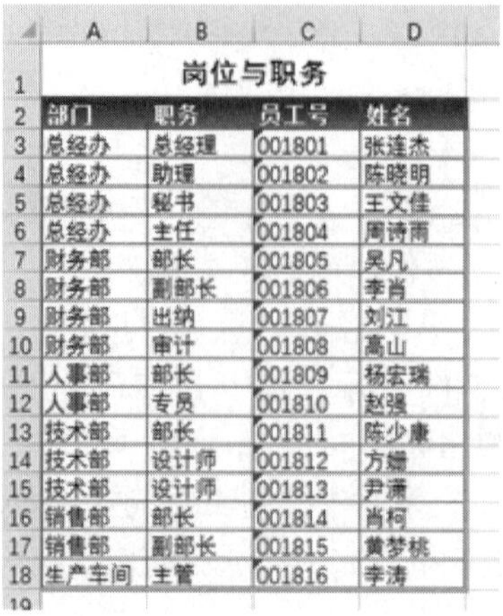

	A	B	C	D
1	岗位与职务			
2	部门	职务	员工号	姓名
3	总经办	总经理	001801	张连杰
4	总经办	助理	001802	陈晓明
5	总经办	秘书	001803	王文佳
6	总经办	主任	001804	周诗雨
7	财务部	部长	001805	吴凡
8	财务部	副部长	001806	李肖
9	财务部	出纳	001807	刘江
10	财务部	审计	001808	高山
11	人事部	部长	001809	杨宏瑞
12	人事部	专员	001810	赵强
13	技术部	部长	001811	陈少康
14	技术部	设计师	001812	方婧
15	技术部	设计师	001813	尹潇
16	销售部	部长	001814	肖柯
17	销售部	副部长	001815	黄梦桃
18	生产车间	主管	001816	李涛

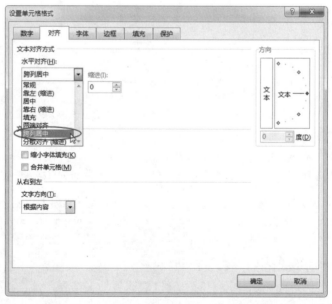

图 5-13 “岗位与职务”工作表

操作过程及内容：

（1）单击“岗位与职务”工作表的第一行行号，右击，在弹出的快捷菜单中选择行高，打开“行高”对话框，输入行高为 28，单击“确定”按钮。选择 A1:D1 单元格区域，单击功能区“开始”选项卡“字体”组右下角的更多选项按钮，在弹出的“设置单元格格式”对话框中选择“字体”选项卡，设置标题字体为黑体、14 号；在“对齐”选项卡中，设置水平对齐方式为“跨列居中”，如图 5-14 所示。

图 5-14 设置水平对齐方式为“跨列居中”

（2）设置表格边框。选择 A2:A18 单元格区域，打开“设置单元格格式”对话框，在“边框”选项设置中，颜色选择“蓝色”，样式选择“单实线”后，单击预置下“内部”按钮，设置内部边框线为蓝色单实线；然后在样式中选择“双实线”，单击预置下的“外边框”按钮，设置外部边框，如图 5-15 所示，观察“边框”预览效果，确认设置正确后，单击“确定”按钮完成内、外边框设置。

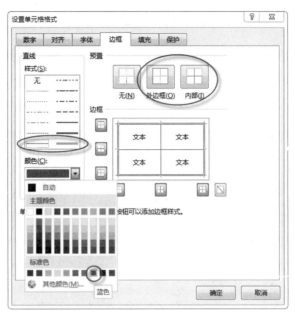

图 5-15　"岗位与职务"边框设置

（3）设置填充和字体。选择 A2:D2 单元格区域，打开"设置单元格格式"对话框，在"字体"选项卡中，设置字体为白色、宋体、加粗。然后切换至"填充"选项卡，单击"填充效果"按钮，打开"填充效果"对话框，在"渐变"选项卡中设置渐变色，在"颜色"中选择"双色"，颜色 1 设置为"深蓝"，颜色 2 设置为"浅蓝"，底纹样式为"水平"，如图 5-16 所示。单击"确定"按钮完成设置。

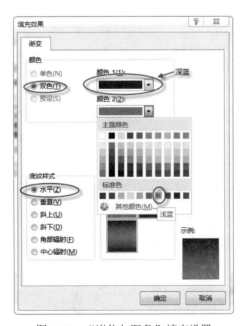

图 5-16　"岗位与职务"填充设置

（4）保存工作簿。

【**案例4**】应用样式美化工作表。

操作要求：

打开"公司员工信息库.xlsx"工作簿，应用样式对"员工基本信息"工作表进行格式化，完成效果如图5-17所示。

	A	B	C	D	E	F	G	H
1				员工基本信息表				
2	员工号	姓名	性别	身份证号	参加工作时间	学历	联系电话	
3	A01001	张连杰	男	445744198702055010	2012年7月30日	本科	18637783991	
4	A01002	陈晓明	男	323625198912026026	2013年7月15日	本科	13910863091	
5	A01003	王文佳	女	410987198504288786	2011年4月30日	专科	15810210033	
6	A01004	周诗雨	女	251188198602013708	2014年9月1日	本科	13501337278	
7	C03005	吴凡	男	181837198804262177	2015年3月1日	硕士	13911873035	
8	C03006	李肖	男	536351198208129255	2010年7月3日	本科	13911209381	
9	C03007	刘江	男	127933198412082837	2010年3月23日	本科	18801093860	
10	C03008	高山	男	523813197207169113	2007年5月1日	本科	15899888488	
11	B02009	杨宏瑞	女	431880198003232348	2007年5月1日	本科	15840550088	
12	B02010	赵强	男	216382198511301673	2005年7月1日	高中	18810102006	
13	D03011	陈少康	男	212593198508133557	2012年4月30日	博士	15201088718	
14	D03012	方姗	女	442868198509069384	2010年8月15日	本科	13817537188	
15	D03013	尹潇	男	322420197503045333	2005年4月1日	本科	13942017877	
16	E04014	肖柯	女	335200197810036306	2004年6月1日	中专	13910957897	
17	E04015	黄梦桃	女	406212198207019344	2007年6月1日	专科	13466649016	
18	F05016	李涛	男	214503198410313851	2009年10月15日	高中	15649782348	
19								

员工基本信息　岗位与职务　员工工资　值班表　⊕

图5-17　应用样式美化后的"员工基本信息"工作表

（1）合并A1:G1单元格，为合并后的A1单元格数据"员工基本信息表"应用单元格样式为"标题1"。

（2）为A2:G18区域套用表格格式为"表样式中等深浅色2"。

操作过程与内容：

（1）设置单元格样式：选中A1:G1单元格区域，单击功能区"开始"选项卡"对齐"组上的"合并后居中"按钮；选择合并后的A1单元格，在"样式"组"单元格样式"下拉列表中选择"标题1"。

（2）套用表格格式：选中A2:G18单元格区域，在"开始"选项卡"样式"组中"套用表格格式"下拉列表中选择"中等深浅"分组中的"表样式中等深浅色2"。

（3）完成后保存工作簿。

【**案例5**】条件格式设置。

打开"公司员工信息库.xlsx"工作簿，在工作表"员工工资"中，按要求设置条件格式，完成效果如图5-18所示。

操作要求：

（1）将"工龄工资"小于1000元的单元格设置为"浅红填充色深红色文本"。

（2）将"工龄工资"大于或等于1500元的单元格设置以"浅绿色"填充。

（3）为"实发工资"列设置条件格式为"蓝色实心数据条"，并修改数据范围使数据条在单元格中显示的长度适中。

	A	B	C	D	E	F	G	H	I	J	K	L
1							员工工资表					
2	员工号	姓名	部门	基本工资	住房补贴	任务工资	工龄工资	应发工资	保险扣款	其它扣款	实发工资	
3	A01001	张连杰	总经办	3700	1000	3500	800	9000	180	200	¥ 8,620.00	
4	A01002	陈晓明	总经办	3300	800	3000	700	7800	156	300	¥ 7,344.00	
5	A01003	王文佳	总经办	3400	800	2500	900	7600	152	150	¥ 7,298.00	
6	A01004	周诗雨	总经办	3400	600	2500	600	7100	142	300	¥ 6,658.00	
7	C03005	吴凡	财务部	3200	800	1500	500	6000	180	150	¥ 5,670.00	
8	C03006	李肖	财务部	3200	800	1500	1000	6500	195	300	¥ 6,005.00	
9	C03007	刘江	财务部	3000	600	1200	1000	5800	174	300	¥ 5,326.00	
10	C03008	高山	财务部	3600	600	1200	1300	6700	201	400	¥ 6,099.00	
11	B02009	杨宏瑞	人事部	4000	800	1500	1300	7600	152	300	¥ 7,148.00	
12	B02010	赵强	人事部	3800	600	1245	1500	7145	142.9	300	¥ 6,702.10	
13	D03011	陈少康	技术部	3800	800	2800	800	8200	246	250	¥ 7,704.00	
14	D03012	方姗	技术部	3800	600	2200	1000	7600	228	100	¥ 7,272.00	
15	D03013	尹潇	技术部	3200	600	2800	1500	8100	243	300	¥ 7,557.00	
16	E04014	肖柯	销售部	3800	800	2300	1600	8500	170	250	¥ 8,080.00	
17	E04015	黄梦桃	销售部	3600	600	1800	1300	7300	146	180	¥ 6,974.00	
18	F05016	李涛	生产车间	4000	800	3500	1100	9400	235	300	¥ 8,865.00	

员工基本信息　岗位与职务　员工工资　值班表　⊕

图 5-18　设置了条件格式的"员工工资"工作表

操作过程与内容：

（1）选中 G3:G18 单元格区域，在如图 5-19 所示的"开始"选项卡"样式"组"条件格式"下拉列表中选择"突出显示单元格规则"子菜单中的"小于"选项；在弹出的"小于"对话框的文本框中输入 1000，在"设置为"下拉列表中选择"浅红填充色深红色文本"选项。

图 5-19　"条件格式"下拉列表中的"突出显示单元格规则"

（2）选中 G3:G18 单元格区域，在"开始"选项卡"样式"组"条件格式"下拉列表中选择"突出显示单元格规则"子菜单中的"其他规则"选项，打开如图 5-20 所示的"新建格式规则"对话框；在该对话框中设置单元格值大于或等于 1500，单击"格式"按钮，在弹出的"设置单元格格式"对话框的"填充"选项卡中选择"浅绿色"，单击两次"确定"按钮完成操作。

图 5-20　"新建格式规则"对话框

（3）选中 K3:K18 单元格区域，在"条件格式"下拉列表中选择"数据条"子菜单中的
"实心填充"选项下的"蓝色数据条"；在选中 K3:K18 单元格区域状态下，单击"条件格式"
下拉列表中的"管理规则"，在弹出的"条件格式规则管理器"对话框中，选中当前规则，单
击"编辑规则"按钮，打开"编辑格式规则"对话框，如图 5-21 所示。

图 5-21　"编辑格式规则"对话框

设置条件规则：最小值类型为"数字"，值为 3000；最大值类型为"数字"、值为 10000；
单击两次"确定"按钮完成操作。

四、实践练习

打开“练习.xlsx”工作簿，按下面的要求进行操作，完成效果如图 5-22 所示。

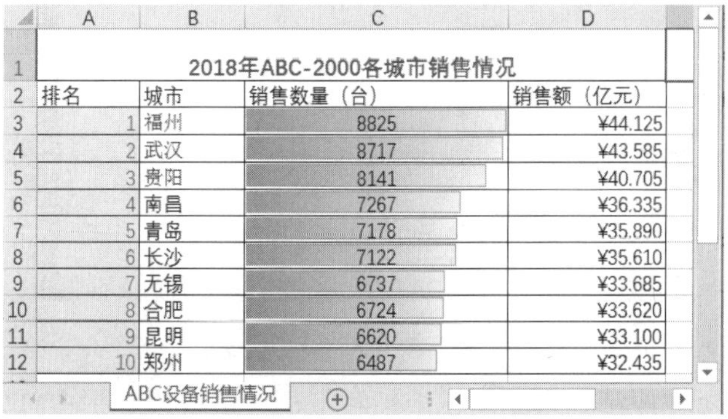

排名	城市	销售数量（台）	销售额（亿元）
1	福州	8825	¥44.125
2	武汉	8717	¥43.585
3	贵阳	8141	¥40.705
4	南昌	7267	¥36.335
5	青岛	7178	¥35.890
6	长沙	7122	¥35.610
7	无锡	6737	¥33.685
8	合肥	6724	¥33.620
9	昆明	6620	¥33.100
10	郑州	6487	¥32.435

图 5-22　“练习.xlsx”完成效果示例

1．将 A1 单元格中的“2018 年 ABC-2000 各城市销售情况”设置为红色、等线、加粗、12 号字，将 A1:C1 单元格合并后居中。

2．设置 C3:C12 数据区域水平居中对齐。

3．设置 D3:D12 数据区域用货币形式显示人民币符号，并保留 3 位小数。

4．使用条件格式将“销售数量（台）”列 C3:C12 区域设置渐变填充-绿色数据条。

5．为 A2:C12 数据区域添加最细实线样式内外边框。

实践 2　公式与函数的应用

一、实践目的

1．熟练掌握使用公式进行计算的方法。

2．熟练应用 Excel 的各种常用函数。

二、实践准备

1．理解单元格引用方法（相对引用、绝对引用与混合引用）的特点及应用。

2．了解 Excel 各种常用函数的功能及参数的使用。

3．熟悉公式与函数输入、修改及复制等操作方法。

4．案例及练习中使用的全部工作簿在“实践 2”文件夹下。

三、实践内容及步骤

【案例 1】在单元格中使用公式和地址引用。

操作要求：

在如图 5-23 所示的“公式与地址引用”工作表中，使用公式计算此工作表中“总分”数据列的值。

图 5-23　输入公式计算总分

计算方法：期中考试成绩、理论考试成绩和上机考试成绩分别占总成绩的 20%、60% 和 20%，即公式为"总分=期中考试*期中成绩占比+理论考试*理论成绩占比+上机考试*上机成绩占比"。

操作过程与内容：

（1）打开工作簿"案例 1-2-3.xlsx"，并将"公式与地址引用"工作表选中为当前工作表。

（2）计算总分项：选中 E4 单元格，输入等号（=）以开始公式输入。

（3）单击 B4 单元格，此时单元格 B4 周围显示虚线框，而且单元格引用将出现在 E4 单元格和编辑栏中。

（4）输入乘号（*），再单击 B3 单元格，虚线边框将包围 B3 单元格，将单元格地址添加到公式中，按下 F4 键将单元格引用 B3 切换成绝对引用$B$3，此时编辑栏中公式显示为"=B4*$B$3"。

（5）采用相同的方法将公式输入完整，即"=B4*$B$3+C4*$C$3+D4*$D$3"，按 Enter 键（或单击编辑栏上的"确认"按钮☑）完成输入并显示结果（也可直接在单元格 E4 或编辑栏中手动输入公式）。

（6）复制公式：选中单元格 E4，双击填充柄（或拖动填充柄至 E12 单元格），完成"总分"列的计算。计算结果如图 5-24 所示（总分结果默认为四舍五入取整数）。

图 5-24　总分列的计算结果

操作说明：公式中 B4、C4、D4 的地址是相对地址引用，当复制公式时，其地址会根据公式复制的位置变化进行调整。而公式中 B3、C3 和 D3 的地址是绝对地址引用，当复制公式时，它们的地址会保持不变。

此后，修改期中考试、理论考试和上机考试占比分别为 30%、50%和 20%，重新计算总分列，结果如图 5-25 所示（操作提示：只需修改单元格 B3、C3 和 D3 中的数据，总分数据即可自动更新）。

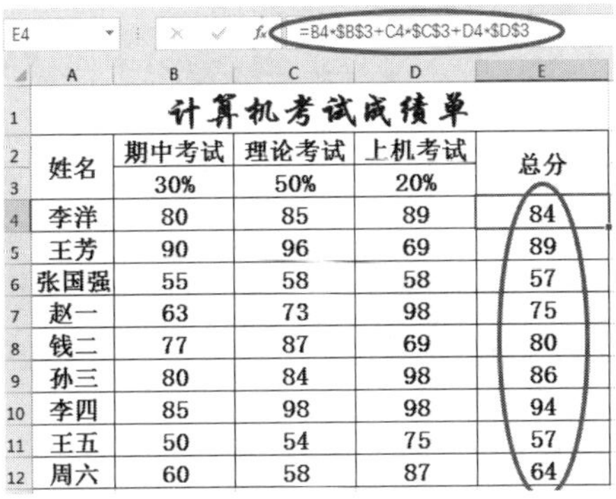

计算机考试成绩单				
姓名	期中考试	理论考试	上机考试	总分
	30%	50%	20%	
李洋	80	85	89	84
王芳	90	96	69	89
张国强	55	58	58	57
赵一	63	73	98	75
钱二	77	87	69	80
孙三	80	84	98	86
李四	85	98	98	94
王五	50	54	75	57
周六	60	58	87	64

图 5-25　重新计算后的总分列

操作说明：在公式输入中尽可能不直接使用数值，通过命名常量或单元格引用的方式实现，可以使修改和维护工作表的工作变得更容易。

【案例 2】常用数字函数的应用。

操作要求：

在如图 5-26 所示的“成绩表”工作表中分别使用求和函数（SUM）和平均值函数（AVERAGE）计算每位同学的总分、平均分，使用最大值（MAX）和最小值（MIN）函数计算班级单科最高分和最低分，并使用计数函数（COUNT）计算考试人数。

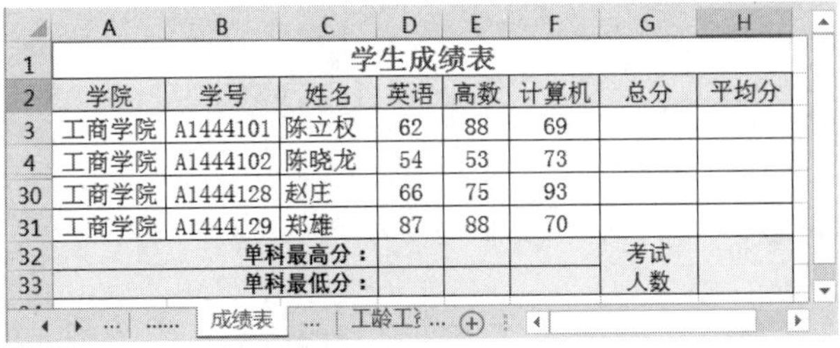

学生成绩表							
学院	学号	姓名	英语	高数	计算机	总分	平均分
工商学院	A1444101	陈立权	62	88	69		
工商学院	A1444102	陈晓龙	54	53	73		
工商学院	A1444128	赵庄	66	75	93		
工商学院	A1444129	郑雄	87	88	70		
		单科最高分：				考试人数	
		单科最低分：					

图 5-26　“成绩表”工作表

要点提示：本例将使用如图 5-27 所示“∑自动求和”下拉列表中的 5 个常用函数。

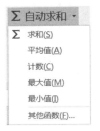

图 5-27　常用函数列表

使用"自动求和"下拉列表中的函数的操作方法如下。

方法1：在"开始"选项卡"编辑"组中单击"自动求和"下拉按钮Σ ·，打开列表选择。

方法2：在"公式"选项卡"函数库"组中单击"自动求和"下拉按钮Σ 自动求和 ·，打开列表选择函数。

操作过程与内容：

（1）打开工作簿"案例1-2-3.xlsx"，选择"成绩表"为当前工作表。

（2）计算总分：选中存放总分的区域G3:G31，单击自动求和函数按钮，完成操作。

（3）计算平均分：因为存放平均分结果的列与各科成绩不相邻，因此可以先计算一名同学的平均分。如选中陈立权的各科成绩区域D3:F3，单击自动求和列表中的"平均值"函数，计算结果出现在H3单元格中。选中H3单元格，双击填充柄向下复制公式。

（4）计算单科最高分：选中数据区域D3:D31，单击执行"自动求和"下拉列表中的"最大值"函数，计算结果出现在D32单元格中，选中D32单元格，向右拖拽填充柄，复制公式到F32单元格。

（5）计算单科最低分：操作方法与计算单科最高分类似，选中数据区域D3:D31，单击执行"自动求和"下拉列表中的"最小值"函数，计算结果出现在D33单元格中，选中D33单元格，向右拖拽填充柄，复制公式到F33单元格。

（6）计算考试人数：选中H32单元格，单击执行"自动求和"下拉列表中的"计数"函数，出现公式"=COUNT(H3:H31)"，确认操作区域，如果修改操作区域，只需在数据区域用鼠标重新选择即可，如重新选择操作区域为E3:E31，按Enter键确认输入并显示结果。

【案例3】逻辑判断IF()函数的应用。

操作要求：

在如图5-28所示的"教材销售情况表"中，根据销售额判断销售情况，如果销售额大于或等于20000元，销售情况为"良好"，销售额低于20000元的销售情况为"一般"。

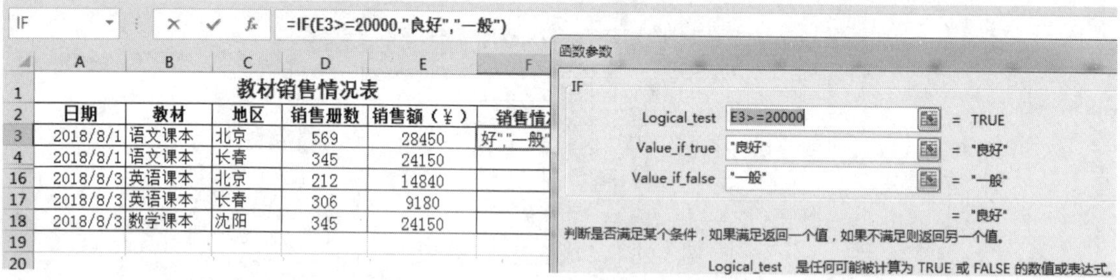

图5-28　"教材销售情况表"工作表和"函数参数"对话框

要点提示：该案例中将用到"插入函数"命令，以下几种方法可以执行该命令。

方法1：在"编辑栏"中单击"插入函数"按钮，打开"插入函数"对话框。

方法2：在"公式"选项卡"函数库"组中单击"插入函数"按钮，打开"插入函数"对话框。

操作过程与内容：

（1）打开"案例1-2-3.xlsx"工作簿，选择"教材销售情况表"为当前工作表。

（2）插入函数：选择存放结果的单元格F3，在编辑栏单击"插入函数"按钮，打开"插入函数”对话框，选择 IF()函数，打开“函数参数”对话框。

（3）设置参数：设置 Logical_test 参数值为 E3>=20000，其中使用鼠标选择完成单元格的引用，其他内容通过键盘输入；设置 Value_if_true 的参数值为“良好”；设置 Value_if_false 的参数值为“一般”。

（4）完成参数设置后，单击“函数参数”对话框中的“确定”按钮，完成函数输入并显示函数结果。

（5）向下复制公式：选中 F3 单元格，双击右下角的填充柄向下复制公式。

【案例 4】函数综合应用（一）。

操作要求：

在如图 5-29 所示的英语成绩表中完成如下操作：

（1）将 G4:G23 区域命名为 ZF。

（2）分别使用 COUNT()和 COUNTIF()函数计算考试人数和及格人数，使用公式计算及格率。

（3）使用 RANK()函数计算名次。

（4）使用 IF()函数将总分小于 60 分的在“备注”列标注为“不及格”，总分在 60 分以上的“备注”列空白。

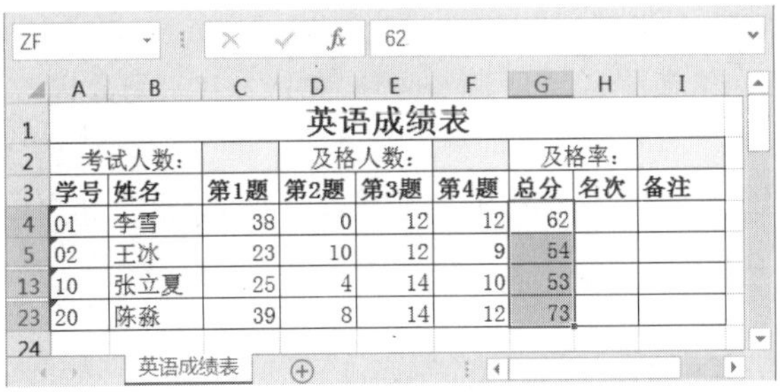

	A	B	C	D	E	F	G	H	I
1	英语成绩表								
2	考试人数:			及格人数:			及格率:		
3	学号	姓名	第1题	第2题	第3题	第4题	总分	名次	备注
4	01	李雪	38	0	12	12	62		
5	02	王冰	23	10	12	9	54		
13	10	张立夏	25	4	14	10	53		
23	20	陈淼	39	8	14	12	73		
24									

图 5-29　“英语成绩表”工作表

操作过程与内容：

（1）打开工作簿“案例 4.xlsx”，选择“英语成绩表”为当前工作表。

（2）定义区域名称：选中总分数据所在的区域 G4:G23，在名称框中输入区域名称“ZF”，按 Enter 键完成定义。

（3）计算考试人数：在 C2 单元格输入公式“=COUNT(ZF)”，按 Enter 键完成确认并显示结果。

（4）计算及格人数：在 F2 单元格输入公式“=COUNTIF(ZF,">=60")”，按 Enter 键完成确认并显示结果。在“函数参数”对话框中输入 COUNTIF()函数的第二个参数时不需要加双引号，直接输入“>=60”；如果手工输入公式则要输入双引号。

（5）计算及格率：在 I2 单元格输入公式“=F2/C2”，并用百分比格式显示。

（6）计算名次：选中 H4 单元格，使用“插入函数”命令找到并打开 RANK()函数的参数对话框，如图 5-30 所示，设置参数 Number 为 G4，参数 Ref 为 ZF，即总分数据区域，参数 Order 可省略表示降序排列。单击“确定”按钮完成输入，并显示结果。双击 H4 单元格的填充柄向下复制公式。

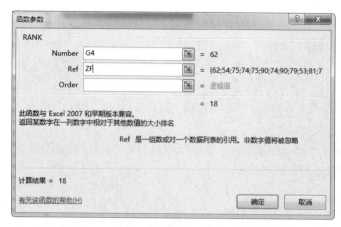

图 5-30　RANK 函数的"函数参数"对话框

（7）使用 IF() 函数填写备注：在 I4 单元格中输入公式"=IF(G4<60,"不及格","")"，注意 IF() 函数的第三个参数为空字符，即双引号中间什么都没有。向下复制公式完成操作。

【案例 5】函数综合应用（二）。

操作要求：

在如图 5-31 所示的"员工档案表"中完成如下操作：

（1）在 L1 单元格中输入当前日期和时间为填表日期。

（2）根据身份证号，请在"出生日期"列中使用 MID() 函数提取员工出生日期，格式为"X 年 X 月 X 日"。

（3）根据入职时间，在"工龄"列中，使用 TODAY() 函数和 YEAR() 函数计算员工的工龄，工作满一年才计入工龄。

（4）引用"工龄工资"工作表中的数据来计算"员工档案表"工作表中员工的工龄工资，工龄工资=工龄*工龄工资表中的每年增加的工龄工资。

（5）在"基础工资"列中计算每个人的基础工资，基础工资=基本工资+工龄工资。

图 5-31　"员工档案表"工作表

要点提示：

- NOW() 函数的功能：返回系统的当前日期和时间。
- TODAY() 函数的功能：返回系统的当前日期。
- YEAR() 函数的功能：返回对应于某个日期的年份。
- MID(text,start_num,num_chars) 函数的功能：返回文本字符串中从指定位置开始的特定数目的字符。

- 连字符&的功能：将两个文本连接起来产生连续的文本。
- "出生日期"及"工龄"列的数据类型设置为"常规"。

操作过程与内容：

（1）打开"案例 5.xlsx"工作簿，选择"员工档案表"为当前工作表。

（2）输入当前日期和时间：选中 L1 单元格，输入公式"=NOW()"，之后按 Enter 键确认并显示结果。

（3）计算出生日期：选择存放结果的单元格 G3，在编辑栏输入公式"=MID(F3,7,4)&"年"&MID(F3,11,2)&"月"&MID(F3,13,2)&"日""。输入公式时注意公式中的文本常量要加双引号，如"年""月""日"，但公式中所有的符号都要使用英文符号。输入完成后单击编辑栏上的"确认"按钮☑。双击 G3 单元格的填充柄向下填充。

（4）计算工龄：选中 J3 单元格，输入公式"=YEAR(TODAY())-YEAR(I3)"，单击编辑栏上的"确认"按钮☑显示结果，并使用填充柄或快捷键 Ctrl+D 向下填充。公式的含义为使用 YEAR()函数取出当前日期的年份数值和出生日期中的年份数值，两者相减即为工龄。

（5）计算工龄工资：选中 L3 单元格，输入公式"=J3*工龄工资!$B$3"，其中引用单元格 B3 时，使用鼠标选择，在编辑栏选中 B3，使用 F4 键将其转换为绝对引用。输入完成单击编辑栏上的"确认"按钮☑。拖拽或双击填充柄向下填充。注意"工龄"列如果以日期格式显示工龄数值，则需将其数据类型设置为"常规"。

（6）计算基础工资：选中 M3 单元格，输入公式"=K3+L3"，输入完成后单击编辑栏上的"确认"按钮☑，双击 M3 单元格的填充柄向下填充。

四、实践练习

1．实践练习 1

打开"实践练习 1.xlsx"工作簿，在如图 5-32 所示的"销售情况"工作表中使用公式计算销售利润和销售额；在如图 5-33 所示的"人口统计"工作表中使用公式和自动求和进行计算。

图 5-32　"销售情况"工作表

（1）在"销售情况"工作表中"产品编号"列左侧插入一列"序号"，输入各记录序号值：001、002、003、004、005、006。

（2）在"销售情况"工作表中用公式计算销售利润和销售额（公式在工作表的首行）。

	A	B	C	D	E
1	亚洲各国人口情况				
2	国家或地区	首都	面积（平方千米）	人口（万人）	占总人口比例
3	中华人民共和国	北京	9600000	127610	
4	印度	新德里	2974700	96020	
24	文莱	斯里巴加湾	5765	30.7	
25	马尔代夫	马累	298	27.3	
26	合计				

人口统计 | 招聘考试成绩 | 备s...

图 5-33 “人口统计”工作表

（3）在“人口统计”工作表的 C26:D26 单元格中，利用函数分别计算表中各国面积总和及人口总和。

（4）在“人口统计”工作表的 E2 单元格中输入“占总人口比例”，在 E3:E25 各单元格中利用公式分别计算各国人口占总人口的比例。要求使用绝对地址引用总人口，结果以百分比格式表示，保留 2 位小数。

2. 实践练习 2

打开“实践练习 2.xlsx”工作簿，完成下列操作：将工作表 Sheet1 重命名为“10 月份工资表”，如图 5-34 所示，并完成下面要求的公式及函数计算。

	A	B	C	D	E	F	G	H	I	J
1	某单位10月份工资表									
2	姓名	部门	基本工资	住房补贴	奖金	任务工资	应发工资	保险扣款	其他扣款	实发工资
3	刘松	销售	1500	500	250	6480			40	
4	康华	销售	1300	500	200	6210			60	
5	贺青	财务	1400	500	150	4860			30	
6	潘浩	财务	1400	500	250	4980			60	
7	吴非	编辑	1200	500	200	3450			30	
8	张萌	编辑	1200	500	200	3560			60	
9	邓琳	编辑	800	500	200	3210			60	
10	王浩飞	编辑	1600	500	200	3890			80	
11	李超	发货	2000	500	500	3500			60	
12	贾亮	发货	1800	500	400	3145			60	
13	谭靖	发货	1800	500	500	4759			50	
14	魏鹏	发货	1800	500	500	5233			20	
15	陈平	销售	1200	500	200	5840			60	
16	平均值									
17	最高值									
18	最低值									
19										
20										
21						总人数				所占比率
22						实发工资不足5000的人数：				
23						实发工资大于8000的人数：				

10月份工资表

图 5-34 “实践练习 2”工作簿

（1）使用 SUM()函数计算应发工资，使用 AVERAGE()函数、MAX()函数、MIN()函数计算各项工资的平均值、最高值、最低值。

（2）使用 IF()函数求保险扣款，其计算方法为：部门为"编辑"的为应发工资*0.02，其余部门为应发工资*0.015。

（3）计算实发工资（实发工资=应发工资-保险扣款-其他扣款），结果保留 2 位小数。

（4）使用 COUNT()函数计算总人数，使用 COUNTIF()函数分别统计实发工资小 5000 和大于 8000 的人数，并计算各项人数所占比例（以百分比方式显示）。

（5）对表格进行相应的格式设置，效果如图 5-35 所示（相似即可）。

（6）将表格 A 列到 I 列宽度为设置为"自动调整列宽"，J 列宽度为 15，并为 J3:J15 单元格数据加¥符号，结果均保留 2 位小数。

（7）在工作表中用条件格式将实发工资介于 7000 到 8000 之间的数据用红色加粗显示。

（8）使用 VLOOKUP()函数，按输入的姓名（单元格 H26），检索该员工所在部门和实发工资，分别在单元格 H27 和 H28 中显示，如图 5-35 所示（此题选做）。

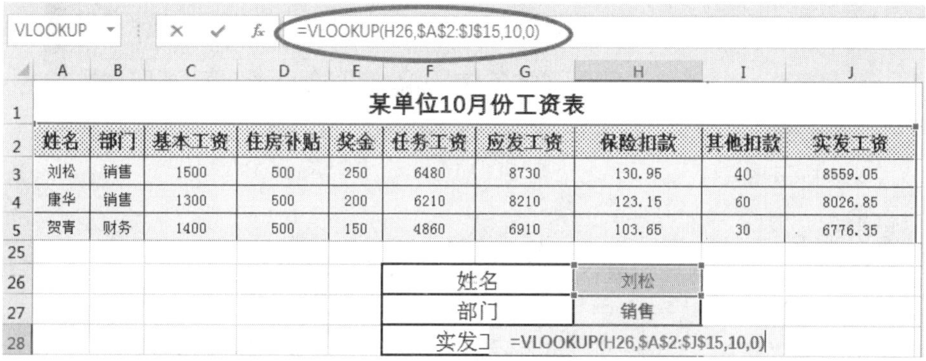

图 5-35　VLOOKUP()函数的应用

【提示】VLOOKUP()函数的格式及功能如下。

格式：VLOOKUP (lookup_value,table_array,col_index_num,[range_lookup])

功能：用于在数据表的第一列中查找指定的值，然后返回当前行中其他列的值。

例如：本题中单元格 H27 使用的公式为"=VLOOKUP(H26,$A$2:$J$15,2, FALSE)"（返回第二列数据）；单元格 H28 使用的公式为"=VLOOKUP(H26,$A$2:$J$15,10,FALSE)"（返回第十列数据）。

实践 3　数据管理与分析

一、实践目的

1．掌握排序、筛选、分类汇总、数据透视表的操作步骤及应用。

2．熟练掌握根据数据表制作各种图表的方法。

二、实践准备

本项实践演示及练习中使用的所有工作簿在本章"实践 3"文件夹下。

三、实践内容及步骤

打开"案例 1-2-3.xlsx"工作簿，如图 5-36 所示。以下案例 1～案例 3 的操作均在此工作簿中完成。

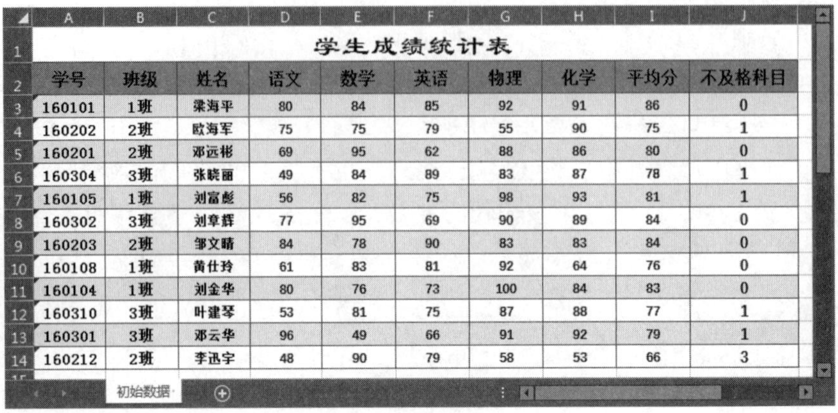

学号	班级	姓名	语文	数学	英语	物理	化学	平均分	不及格科目
160101	1班	梁海平	80	84	85	92	91	86	0
160202	2班	欧海军	75	75	79	55	90	75	1
160201	2班	邓远彬	69	95	62	88	86	80	0
160304	3班	张晓丽	49	84	89	83	87	78	1
160105	1班	刘富彪	56	82	75	98	93	81	1
160302	3班	刘章辉	77	95	69	90	89	84	0
160203	2班	邹文晴	84	78	90	83	83	84	0
160108	1班	黄仕玲	61	83	81	92	64	76	0
160104	1班	刘金华	80	76	73	100	84	83	0
160310	3班	叶建琴	53	81	75	87	88	77	1
160301	3班	邓云华	96	49	66	91	92	79	1
160212	2班	李迅宇	48	90	79	58	53	66	3

图 5-36　"案例 1-2-3.xlsx"工作簿

【案例 1】排序。

操作要求：

在工作簿中插入两个新工作表，分别命名为"排序 1""排序 2"，并将"初始数据"的内容复制到"排序 1"和"排序 2"中。

- 在工作表"排序 1"中，将学生成绩数据按"平均分"降序排列。
- 在工作表"排序 2"中，将学生成绩数据按"班级"升序排列，同班级的学生按"姓名"的笔划升序排列。

操作过程及内容：

（1）单击"新工作表"按钮，插入 2 张新工作表，并分别命名为"排序 1"和"排序 2"。将"初始数据"工作表中第 1～14 行复制到"排序 1"和"排序 2"工作表中。

（2）在工作表"排序 1"中，将插入点放置于"平均分"列（I2～I14）的任意单元格，右击，在弹出的快捷菜单中选择"排序"→"降序"，即可实现学生成绩按"平均分"降序排列。

（3）在工作表"排序 2"中，将插入点放置数据表的任意单元格，选择功能区"开始"→"编辑"→"排序和筛选"，在其下拉列表中单击"自定义排序"，弹出"排序"对话框。如图 5-37 所示，在"主要关键字"列表框中选择"班级"，"次序"列表框中选择"升序"；单击"添加条件"按钮，然后在"次要关键字"列表框中选择"姓名"，"次序"列表框中选择"升序"。

（4）单击"选项"按钮，打开"排序选项"对话框，设置按"笔划排序"，如图 5-37 所示；两次单击"确定"后完成按多字段排序。

要点提示：

- 执行排序操作时数据表中被隐藏的部分不参加排序，因此在进行排序操作时不应隐藏数据。

图 5-37　"排序"对话框

【案例2】筛选。

操作要求：

在工作簿中插入 4 个新工作表，分别命名为"筛选 1""筛选 2""筛选 3"和"筛选 4"。并将"初始数据"的内容复制到 4 个新工作表中。

- 在工作表"筛选 1"中，筛选出平均分介于 70 到 80 之间的（不包括 70 分、80 分）学生。
- 在工作表"筛选 2"中，筛选出所有姓"刘"的学生。
- 在工作表"筛选 3"中，筛选出所有平均分大于等于 80 且不及格科目数为 0 的学生。
- 在工作表"筛选 4"中，筛选出平均分最低的 4 个学生。

操作过程及内容：

（1）在"筛选 1"工作表中，将插入点定位在放置数据表的任意单元格。选择功能区"开始"→"编辑"→"排序和筛选"，在其下拉列表中单击"筛选"。在表头的各个列标题右侧添加筛选按钮。单击"平均分"列的筛选按钮，在下拉列表中选择"数字筛选"→"介于"，在弹出的对话框中按图 5-38 所示进行设置，单击"确定"按钮完成筛选。

图 5-38　筛选平均分介于 70 到 80 之间的学生

（2）在"筛选 2"工作表中，用相同的方法为表格添加筛选按钮，单击"姓名"列的筛选按钮，在下拉列表中选择"文本筛选"→"开头是"，在弹出的对话框中输入"刘"，单击"确定"按钮完成筛选。

（3）在"筛选 3"工作表中，添加筛选按钮，采用与步骤（1）相似的方法，分别设置"平均分"列和"不及格科目"列的筛选条件，完成设置。

（4）在"筛选 4"工作表中，添加筛选按钮，单击"平均分"列的筛选按钮，在下拉列表中选择"数字筛选"→"前 10 项"，在弹出的对话框中设置条件，如图 5-39 所示，单击"确定"按钮完成设置。

图 5-39　筛选平均分最低的 4 个学生

（5）取消自动筛选状态：选择自动筛选状态的数据表中的任意单元格，按快捷键 Ctrl+Shift+L。

【案例 3】分类汇总。

操作要求：

在工作簿中插入一个新工作表，命名为"分类汇总"，并将"初始数据"的内容复制到新工作表中。

● 对"分类汇总"的数据进行分类汇总；按"班级"求出各班学生的"数学""物理"和"化学"三科的平均分，结果显示在数据的下方（提示：先按"班级"升序排序）。

● 复制分类汇总结果到"汇总结果"工作表中，之后删除"分类汇总"工作表中的全部分类汇总。

● 在"分类汇总"工作表中按"班级"分类汇总，求各班"语文""英语"和"化学"三科的平均值（提示：先按"班级"升序排序）。

● 在"分类汇总"工作表中按"班级"分类汇总，求各班"不及科目"的总和，汇总结果不替换前一个分类汇总。

提示：进行分类汇总之前，要选按分类字段排序。

操作过程及内容：

（1）在"分类汇总"工作表中，首先按分类字段排序数据。将插入点定位在"班级"列的任意单元格，单击功能区中的"数据"→"排序和筛选"→"升序"命令。

（2）将插入点定位于数据表中，在功能区选择"数据"→"分级显示"→"分类汇总"，打开"分类汇总"对话框，设置分类汇总项，如图 5-40 所示。单击"确定"按钮，完成分类汇总操作。

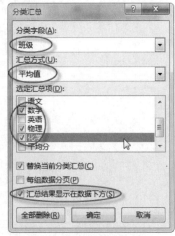

图 5-40　"分类汇总"对话框

（3）分级显示汇总结果：在分类汇总后的"分类汇总"工作表中，单击窗口左侧区域中的分级按钮 ②，显示一级和二级数据，隐藏三级数据，效果如图 5-41 所示。

（4）复制二级分类汇总数据：选择图 5-41 所示的 A2:J18 区域，按 F5 键，打开如图 5-42 所示的"定位"对话框，单击其中的"定位条件"按钮，打开如图 5-43 所示的"定位条件"对话框，选中"可见单元格"单选按钮。单击"确定"

按钮后，将选择区域定位为可见的单元格。之后按快捷键 Ctrl+C 复制，单击选择"汇总结果"工作表中的 A2 单元格，按快捷键 Ctrl+V 将选定的可见单元格复制到汇总结果工作表的 A2:J6 区域，效果如图 5-44 所示。

	学号	班级	姓名	语文	数学	英语	物理	化学	平均分	不及格科目
				学生成绩统计表						
7		1班 平均值			81.25		95.5	83		
12		2班 平均值			84.5		71	78		
17		3班 平均值			77.25		87.75	89		
18		总计平均值			81		84.75	83.333333		

图 5-41　显示一级和二级分类汇总数据

图 5-42　"定位"对话框

图 5-43　在"定位条件"对话框选中"可见单击格"

	学号	班级	姓名	语文	数学	英语	物理	化学	平均分	不及格科目
2										
3		1班 平均值			81.25		95.5	83		
4		2班 平均值			84.5		71	78		
5		3班 平均值			77.25		87.75	89		
6		总计平均值			81		84.75	83.333333		

图 5-44　将二级汇总数据复制到"汇总结果"工作表

（5）删除"分类汇总"工作表中的分类汇总：选中数据表中任意单元格，打开"分类汇总"对话框，单击其中的"全部删除"按钮。

（6）按"班级"分类汇总：先按"班级"排序，之后执行"分类汇总"命令，在如图 5-45 所示的"分类汇总"对话框中设置分类字段为"班级"，汇总方式为"平均值"，选定汇总项"语文""英语"和"化学"，完成后单击"确定"按钮；再次执行"分类汇总"命令，在如图 5-46 所示的对话框中设置按"班级"分类，对"不及格科目"求和，之后取消勾选"替换当前分类汇总"复选框，再单击"确定"按钮，完成本次设置。

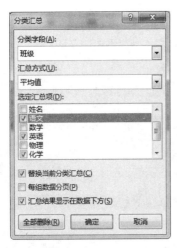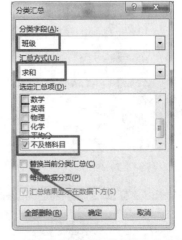

图 5-45　求各班级 3 科平均值的分类汇总　　　图 5-46　求各班级不及格科目总和的分类汇总

（7）在汇总之后的"分类汇总"工作表中，单击窗口左侧的分级按钮③，显示一级、二级和三级数据，如图 5-47 所示。

1 2 3 4		A	B	C	D	E	F	G	H	I	J
	1				学生成绩统计表						
	2	学号	班级	姓名	语文	数学	英语	物理	化学	平均分	不及格科目
	7		1班 汇总								1
	8		1班 平均值		69.25		78.5		83		
	13		2班 汇总								4
	14		2班 平均值		69		77.5		78		
	19		3班 汇总								3
	20		3班 平均值		68.75		74.75		89		
	21		总计								8
	22		总计平均值		69		76.916667		83.333333		

分类汇总　汇总结果　S …

图 5-47　同时建立两个分类汇总后，显示一级、二级、三级数据

【案例 4】数据透视表。

操作要求：为如图 5-48 所示"销售情况"工作表中的教材销售数据创建一个数据透视表，放置在名为"数据透视分析"的工作表中，要求针对各类教材比较各地区每个季度的销售额。其中，"教材名称"为报表筛选字段，"地区"为行标签，"季度"为列标签，并对"销售额"进行求和。

	A	B	C	D	E
1		教材销售情况表			
2	日期	教材名称	地区	销售册数	销售额
3	1季度	语文课本	北京	569	¥ 28,450
4	1季度	语文课本	长春	345	¥ 24,150
8	2季度	英语课本	北京	287	¥ 14,350
9	2季度	语文课本	沈阳	206	¥ 14,420
13	3季度	数学课本	长春	312	¥ 9,360
14	3季度	语文课本	北京	234	¥ 16,380
17	4季度	英语课本	长春	306	¥ 9,180
18	4季度	数学课本	沈阳	345	¥ 24,150

销售情况

图 5-48　"销售情况"工作表中的部分数据

操作过程与内容：

（1）打开"案例 4.xlsx"工作簿，选择"销售情况"工作表为当前工作表。

（2）选择数据表 A2:E18 区域内的任意一个单元格，选择"插入"选项卡"表格"组"数据透视表"命令，打开"创建数据透视表"对话框，如图 5-49 所示，确认"表/区域"为"教材销售表!$A$2:$E$18"，选择放置透视表的位置为"新工作表"，单击"确定"按钮，打开数据透视表任务窗格。

（3）在如图 5-50 所示的数据透视表任务窗格中将标题列表中的"教材名称"拖拽到"筛选器"区域，将"地区"拖拽到"行"区域，将"季度"拖拽到"列"区域，将"销售额"拖拽到"值"区域。设置完成后的数据透视表如图 5-51 所示。

图 5-49 "创建数据透视表"对话框

图 5-50 数据透视表任务窗格

（4）修改新工作表标签：双击放置数据透视表的工作表标签，重命名为"数据透视分析"。

（5）筛选数据：例如筛选"数学课本"的各季度不同区域的销售额汇总项，则在数据透视表的筛选器"教材名称"下拉列表中选择"数学课本"，如图 5-52 所示。同样可在列标签和行标签处筛选。

图 5-51 数据透视表

图 5-52 "教材名称"筛选列表

【案例 5】图表的创建。

操作要求：

（1）创建一张三维饼图，显示 4 个店铺的四季度销售额合计占该手机总销售额的百分比，如图 5-53 数据表中样张 1 所示，图表标题为"各店铺销售额比较"，显示店铺名和百分比，设置图表样式为"样式 8"。

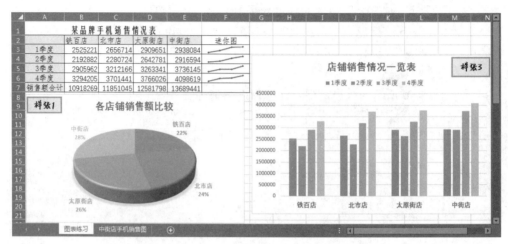

图 5-53　"图表练习"工作表及图表样张

（2）根据中街店的销售数据，创建一个簇状条形图并存放在新工作表中，工作表命名为"中街店手机销售图"，并在图表工作表中显示中街店的销售数据表，在各系列外显示数据标签标记该店铺各季度的销售额，设置图表标题为"中街店销售情况"，如图 5-54 所示。

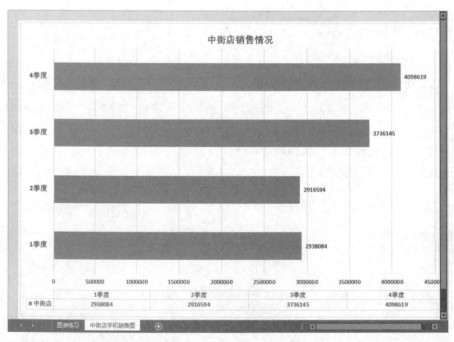

图 5-54　"中街店手机销售图"工作表样张

（3）在 F 列的 F3:F6 单元格中插入折线迷你图，显示各店铺的销售情况，如图 5-53 所示，并为迷你图添加标记点，设置迷你线形粗细为 1.5 磅。

（4）根据各店铺各个季度的销售数据，创建一个簇状柱形图，设置标题为"店铺销售情况一览表",图例置于顶部,如图 5-53 样张 3 所示。

操作过程与内容:

(1)打开"案例 5.xlsx"工作簿,选择"图表练习"工作表为当前工作表。

(2)选择图表所用数据区域:按住鼠标左键选择 A2:E2 区域,之后按住 Ctrl 键的同时用鼠标选择 A7:E7 区域。

(3)插入图表:选择"插入"选项卡"图表"组"饼图"下拉列表中的"三维饼图"选项。

(4)修改图表标题:单击选中图表标题,将原标题中的文字"图表标题"改写为"各店铺销售额比较"。

(5)添加数据标签:选中图表,在"图表工具-设计"选项卡的"图表布局"组,单击"添加图表元素",在如图 5-55 所示的下拉列表中选择"数据标签"→"数据标签外"选项。

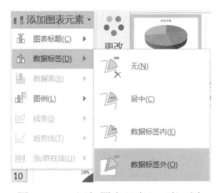

图 5-55　"添加图表元素"下拉列表

(6)设置数据标签格式:在饼图系列上右击,出现如图 5-56 所示的快捷菜单,选择"设置数据标签格式"命令,将弹出如图 5-57 所示的"设置数据标签格式"任务窗格。在"标签选项"列表中,选择标签包括类别名称、百分比,不包括"值"。

图 5-56　右键快捷菜单

图 5-57　设置数据标签格式

(7)设置图表样式:单击选中图表,在"图表工具-设计"选项卡的"图表样式"组,单击样式列表右下角的"其他"按钮 ,在打开的如图 5-58 所示的样式列表中选择"样式 8"。

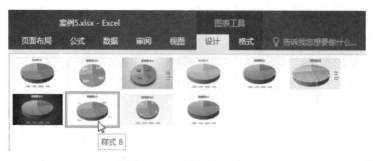

图 5-58　图表样式列表

（8）设置图表区背景：在图表区右击，单击如图 5-59 所示的"填充"按钮，在填充列表中选择"白色，背景 1，深色 5%"的纯色填充。

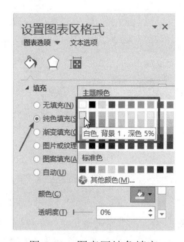

图 5-59　图表区纯色填充

（9）插入工作表图表：选择单元格区域 A2:A6 和 E2:E6，单击功能区"插入"→"图表"分组的柱形图下拉列表中的"簇状条形图"。选择图表，单击功能区"图表工具-设计"选项卡中的"移动图表"命令，在弹出的"移动图表"对话框中选择"新工作表"并输入工作表名为"中街店手机销售图"，如图 5-60 所示，单击"确定"按钮，完成工作表图表的创建。

图 5-60　"移动图表"对话框

（10）选中工作表图表，修改图表标题为"中街店销售情况"；单击图表右侧的 "图表元素"按钮➕，勾选"数据标签"（在系列外显示销售额）；勾选"数据表"中"显示图例项标示"（在图表工作表中显示中街店销售数据表），如图 5-61 所示。

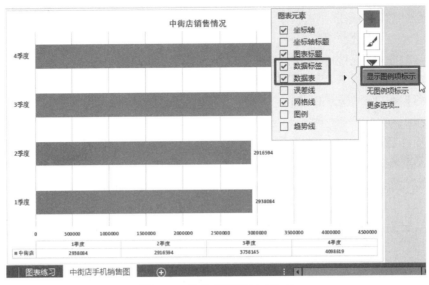

图 5-61　簇状条形图表工作表

（11）插入迷你图：选择单元格区域 B3:E6，单击功能区"插入"→"迷你图"→"折线"命令，弹出"创建迷你图"对话框，如图 5-62 所示，设置迷你图放置位置，单击"确定"按钮，完成迷你图创建。

图 5-62　"创建迷你图"对话框

（12）选择迷你图单元格，勾选功能区"迷你图工具"→"设计"→"显示"组中的"标记"复选框，为迷你图添加标记。单击"样式"组中的"迷你图颜色"按钮，在下拉列表中选择"粗细"，设置线条粗细为 1.5 磅，如图 5-63 所示。

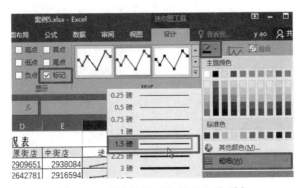

图 5-63　"迷你图工具-设计"选项卡

（13）创建簇状柱形图：选择单元格区域 A2:E6，从功能区"插入"→"图表"分组中选择图表类型"簇状柱形图"，即可在工作表中插入图表，选中图表，将插入点定位于"图表标题"文本中修改图表标题为"店铺销售情况一览表"，单击图表区右侧的"图表元素"按钮✚，勾选"图例"，并选择置于"顶部"。

【案例6】图表的修改和修饰。

操作要求：

新建一个工作表，将案例 5 操作要求（4）创建的图表"店铺销售情况一览表"复制到新工作表中。将新工作表切换为当前工作表，完成如下操作：

（1）调整图表大小，等比缩放至 150%。将销售额合计行的数据添加至图表中，并修改销售额合计系列的图表类型为带标记的折线图。

（2）修改主、次垂直轴的刻度使折线图和柱形图分别显示在绘图区的上部和下部；在折线图系列下方添加数据标签。为绘图区设置纹理填充为羊皮纸，调整图表中各项文字至合适的大小，修改后图表效果如图 5-64 所示。

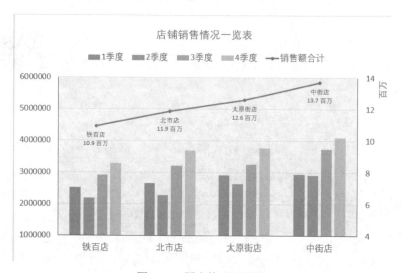

图 5-64　图表修改后效果

操作过程与内容：

（1）复制并缩放图表大小：选中案例 5 中操作要求（4）所创建的簇状柱形图表，右击图表，选择"复制"，新建一个工作表，右击新工作表中的 A1 单元格，选择"粘贴"。选中图表，单击"图表工具"→"格式"→"大小"组右下角的按钮，打开任务栏窗格，将图表等比缩放 150%，如图 5-65 所示。

（2）添加数据源：选择图表，单击"图表工具-设计"选项卡"数据"组中的"选择数据"按钮，打开"选择数据源"对话框，单击"图例项（系列）"下的"添加"按钮，打开"编辑数据系列"对话框，将插入点放置于"系列名称"文本框中，单击"图表练习"工作表中的 A7 单元格；

图 5-65　设置图表区大小

将插入点置于"系列值"文本框中，选中"图表练习"工作表中的 B7:E7 单元格区域，如图 5-66 所示。

（3）单击"确定"按钮返回"选择数据源"对话框。单击"水平(分类)轴标签"下的"编辑"按钮，弹出"轴标签"对话框，选择"图表练习"工作表的 B2:E2 单元格区域，单击"确定"按钮返回，"选择数据源"对话框如图 5-67 所示。

图 5-66　"编辑数据系列"对话框

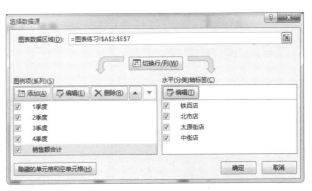

图 5-67　"选择数据源"对话框

（4）修改图表类型：单击图表"绘图区"中的"销售额合计"系列的柱形（此时各店铺的合计系列均被选中）；选择"图表工具-设计"选项卡中的"更改图表类型"按钮，打开"更改图表类型"对话框，修改"销售额合计"系统图表类型为"带数据标记的折线图"，并勾选"次坐标轴"复选框，如图 5-68 所示。

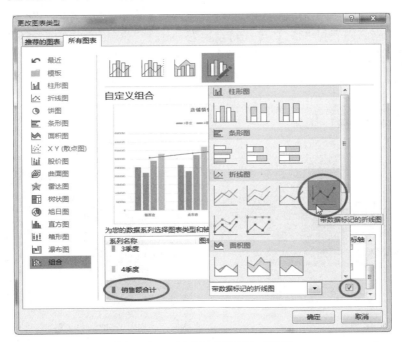

图 5-68　"更改图表类型"对话框

（5）编辑主次垂直轴刻度：双击图表区右侧"主垂直轴"刻度，打开任务窗格，如图 5-69 所示，设置主坐标刻度值最小值为 1000000，最大值为 6000000，主要单位为 1000000。

单击图表区左侧"次垂直轴"刻度，如图 5-70 所示，设置次坐标轴刻度值最小值为 4000000，最大值为 14000000，主要单位为 2000000，显示单位为"百万"。调整"绘图区"大小，使次坐标轴刻度单位能够显示在图表区中。

图 5-69　"主垂直轴刻度"设置

图 5-70　"次垂直轴刻度"设置

（6）设置数据标签格式：选中图表中的折线，单击图表右侧的"图表元素"按钮 ✚，勾选"数据标签"，单击子菜单中的"更多选项"，打开任务窗格，设置数据标签选项，如图 5-71 所示。勾选"类别名称"和"值"，分隔符设置为"分行符"，标签位置"靠下"。

设置标签"数字"格式，如图 5-72 所示，类别为"自定义"，类型选择"#,##0;-#,##0"，在格式代码中修改数字格式：#,##0.0"百万"（注意使用英文标点符号），单击"添加"按钮。

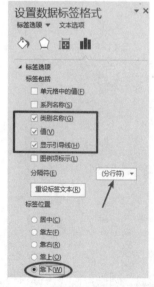

图 5-71　"数据标签"选项设置

图 5-72　"数据标签"的数字格式设置

（7）修改绘图区填充色：双击图表的绘图区，在右侧任务窗格中设置填充。选择"图片和纹理填充"，纹理设置为羊皮纸，如图 5-73 所示。调整图表中各元素和字体至合适的大小，完成图表修改和设置。

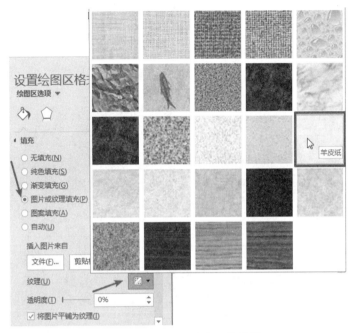

图 5-73　绘图区"填充"的设置

四、Excel 综合练习

1. 打开"综合练习 1.xlsx"工作簿，按如下要求完成操作，其中"人口统计"工作表的完成效果如图 5-74 所示。

	A	B	C	D	E
1	亚洲各国人口情况				
2	国家或地区	首都	面积（平方千米）	人口（万人）	占总人口比例
3	中华人民共和国	北京	9600000	127610	41.13%
4	印度	新德里	2974700	96020	30.95%
5	印度尼西亚	雅加达	1904443	20350	6.56%
21	蒙古	乌兰巴托	1566500	260	0.08%
22	哈萨克斯坦	努尔苏丹	2724900	180	0.06%
26	合计		22541886	310232	

图 5-74　综合练习 1 中"人口统计"工作表的完成效果

（1）将 Sheet1 工作表中的数据复制到 Sheet2 工作表中，自 A18 单元格开始存放，将 Sheet2 工作表命名为"人口统计"。

（2）在"人口统计"工作表中将数据按人口数量降序排序。

（3）在"人口统计"工作表的第一行上方插入一空行，在 A1 单元格输入标题"亚洲各国人口情况"，并将标题设置为等线、18 号字，在 A1:E1 范围内合并后居中。

（4）在"人口统计"工作表的 A26 单元格中输入"合计"，在 C26:D26 单元格中利用函数分别计算表中各国面积总和及人口总和。

（5）在"人口统计"工作表的 E2 单元格中输入"占总人口比例"，在 E3:E25 各单元格中利用公式分别计算各国人口占总人口的比例（要求使用绝对地址引用总人口），结果以百分比格式表示，保留 2 位小数。

（6）在"人口统计"工作表中设置标题行行高为 30，其余行行高为 16，设置所有列宽为"自动调整列宽"。

（7）在"人口统计"工作表中，设置所有表格内容（A2:E26 区域）水平居中，并给表格添加最细实线内外边框线。

（8）利用自动筛选，筛选出国土面积大于 1000000 平方千米的国家数据。

2．打开"综合练习 2.xlsx"工作簿，按如下要求完成操作，完成效果参考图 5-75 所示。

图 5-75　综合练习 2 的完成效果及图表样张

（1）在 Sheet1 工作表的 A1 单元格中输入标题"图书销售情况表"，并将标题设置为 18 号字，在 A1:F1 范围内合并后居中。

（2）在 A19 单元格内输入"最小值"，在 D19 和 E19 单元格中利用函数计算"数量"和"销售额"的最小值。

（3）将第 2 行至第 19 行的行高设置为 22，并设置 E 列为"自动调整列宽"。

（4）在工作表的 F 列用 IF()函数填充，要求当销售额大于 18000 元时，备注内容为"良好"，销售额为其他值时显示"一般"。

（5）为 A2:F19 数据区域添加最细实线内外边框线。

（6）按照"经销部门"对"数量"及"销售额"进行分类汇总求和，汇总结果显示在数据下方（"经销部门"升序排序，不包含"最小值"行）。

（7）根据经销部门的销售额汇总数据生成一张"三维簇状柱形图"，图表标题为"各部门图书销售比较"，如图 5-75 中样张所示。

3．打开"综合练习 3.xlsx"工作簿，完成效果如图 5-76 所示，操作要求如下：

（1）在 Sheet1 工作表的 A1 单元格中输入标题"教材统计表"，并将其设置为等线、18 号字，在 A1:G1 范围内跨列居中。

（2）在"高等数学"后插入一行记录，内容为"01002、大学语文、公共基础课、25.8、257"。

（3）在 F3:F15 区域中利用公式计算教材的金额（金额＝教材单价×学生人数），结果为数值型，保留 2 位小数。

（4）复制 Sheet1 工作表中的内容到 Sheet3 工作表中，自 A1 单元格开始存放，并将其重命名为“教材统计”，将第 2 行到第 15 行的行高设为 20，并使表格中的数据水平和垂直对齐方式均设置为居中。

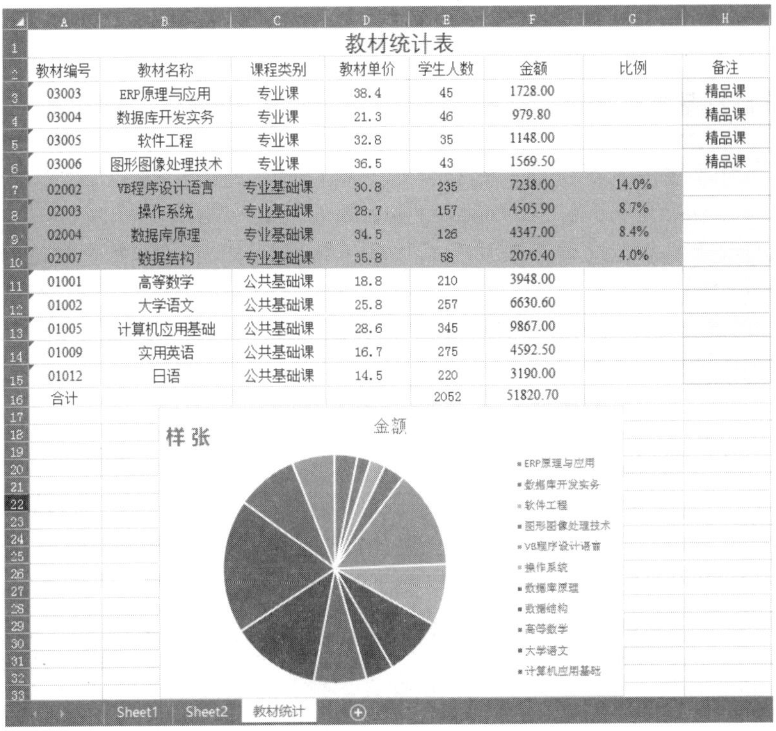

教材统计表

教材编号	教材名称	课程类别	教材单价	学生人数	金额	比例	备注
03003	ERP原理与应用	专业课	38.4	45	1728.00		精品课
03004	数据库开发实务	专业课	21.3	46	979.80		精品课
03005	软件工程	专业课	32.8	35	1148.00		精品课
03006	图形图像处理技术	专业课	36.5	43	1569.50		精品课
02002	VB程序设计语言	专业基础课	30.8	235	7238.00	14.0%	
02003	操作系统	专业基础课	28.7	157	4505.90	8.7%	
02004	数据库原理	专业基础课	34.5	126	4347.00	8.4%	
02007	数据结构	专业基础课	35.8	58	2076.40	4.0%	
01001	高等数学	公共基础课	18.8	210	3948.00		
01002	大学语文	公共基础课	25.8	257	6630.60		
01005	计算机应用基础	公共基础课	28.6	345	9867.00		
01009	实用英语	公共基础课	16.7	275	4592.50		
01012	日语	公共基础课	14.5	220	3190.00		
合计				2052	51820.70		

图 5-76　综合练习 3 完成效果和图表样张

（5）在“教材统计”工作表中，按照主要关键字“课程类别”的降序和次要关键字“教材编号”的升序进行排序，并将课程类别为“专业基础课”所在行的数据区域设置为浅绿色填充。

（6）在“教材统计”工作表中，用函数分别求出“学生人数”“金额”之和，并填入“合计”所在行的相对应单元格中，设置它们的格式（对齐方式和小数位数）与各自列相同。

（7）在“教材统计”工作表中，“备注”列前插入一列，在 G2 单元格输入“比例”，在 G7:G10 区域使用公式计算出各“专业基础课”教材金额占教材金额的比例（注意使用绝对地址计算），数据格式为百分比，保留 1 位小数。

（8）在“教材统计”工作表中，当课程类别为“专业课”时，在“备注”列（H3:H15 区域）对应行用 IF()函数填入“精品课”，课程类别为其他，则不填内容。并将“备注”列（H3:H15 区域）应用单元格样式“注释”。

（9）用“教材名称”和“金额”列数据，建立一个饼图，要求图例在右侧。效果如图 5-76 中样张所示。

（10）打印设置：纸张大小为 A4，横向打印。

第 6 章　实用软件介绍

 本章实践的基本要求：

- 掌握在线协作办公软件"金山文档"的基本功能和应用。
- 掌握录屏与视频编辑软件 Camtasia Studio 的基本功能。
- 了解两款常用的辅助学习软件：制作思维导图的 XMind 和电子笔记 OneNote。

实践 1　在线协作工具——金山文档

金山文档是由珠海金山办公软件有限公司开发的一款可以多人实时协作编辑的文档创作工具软件。金山文档的功能相当于 WPS 加上云办公，支持多人协作编辑在线文档，文档实时保存到云服务器上，文档内容可以在多台设备上同步，而且创建和分享文档简单方便。与其他在线工具不同的是金山文档开发了表单、会议、日历、待办等功能组合使用，形成一整套在线办公解决方案，让在线协同更加便利。按照这种方式在金山文档中多人可以同时完成一套策划案、一套 PPT、用一张表格或表单向多人收集数据等。总之，应用金山文档可以大大提升工作效率，符合现代办公需要。

金山文档的特点具体说明如下：

（1）多人协作、实时保存。一个文档可以多人同时在线查看和编辑，实时保存历史版本，并随时可以恢复到任何一个历史版本。

（2）完全免费、完美兼容。免费使用齐全的 Office 功能，并且免费提供上百份高效模板；不需要转换格式，可以直接编辑 Office 文件，与 WPS 电脑版、手机版无缝整合，随时切换。

（3）纯网页、全平台。没下载软件也可以在浏览器上随时随地创作和编辑文件；计算机和手机皆可流畅使用，即支持 Mac、iOS、Android、Windows 全平台应用。

（4）更懂你的文件管理。云端文件加密存储；文档创建者可以指定协作者，还可以设置查看/编辑的权限；在海量文件中可以按文件类型或者关键字搜索；支持最大 1GB 的 Office 文件。

一、实践目的

1. 了解金山文档的功能和应用。
2. 掌握使用金山文档导入和创建在线协作文档的基本操作方法。
3. 掌握取消共享并下载金山文档的操作方法。
4. 了解使用金山表单收集数据的基本操作方法。

二、实践准备

以下方法都可以找到并使用金山文档：

1．在浏览器中输入地址 https://kdocs.cn 即可在线应用，金山文档的官方网站首页如图 6-1 所示。

图 6-1　金山文档的官方网站首页

2．从官方网站或软件应用商店下载金山文档应用软件到计算机或手机上。

3．在 QQ 小程序或微信小程序中搜索"金山文档"，打开即可应用。

三、实践内容及步骤

【案例 1】导入微信文件并分享文档。

操作要求：

将编辑好的 Excel 工作簿（如"离校生情况统计.xlsx"）发送到微信上，通过微信小程序打开金山文档，使用金山文档将其制作成线上协作文档。

操作过程与内容：

（1）将文档发送到微信。将在手机或计算机上编辑好的本地文件（如"离校生情况统计.xlsx"）发至微信的联系人或群中，具体操作方法略。

（2）打开微信小程序中的金山文档。在微信小程序中搜索"金山文档"，出现其图标后点击将其打开，注册登录后即可使用。

（3）导入微信文件。可以通过以下两种方法执行导入微信文件命令。

图 6-2　金山文档 Android 版首页

● 在如图 6-2 所示的金山文档主页点击"导入聊天文件"。

● 点击首页右下角的新建按钮（圆中带加号的图标），在如图 6-3 所示的新建文档页面中选择"导入文件"分组中的"从聊天文件"选项。

之后在微信的聊天记录中找到要导入的文档，进入如图 6-4 所示的文档编辑页面。首次导入的文档最好使用"另存为"将其保存到云端文件夹（如云端"我的文档"文件夹）下。

图 6-3　新建文档页面

图 6-4　金山文档的编辑页面

（4）将文件分享到微信群中实现多人协作编辑。

步骤 1：在图 6-4 所示的文档编辑页面，点击顶部工具栏右侧的分享按钮 ⬚。如果不在文件编辑状态，可以在金山文档主页的文件列表中点击目标文档（如"离校生情况统计"）最右侧的按钮，在如图 6-5 所示的页面中选择"分享"。

步骤 2：在如图 6-6 所示的"分享"页面，点击"链接权限"，在如图 6-7 所示的"链接权限"页面设置"任何人可编辑"；在"分享"页面，点击"链接有效期"，在如图 6-8 所示的"链接有效期"页面，设置为"7 天有效"。

图 6-5　在此页面选择"分享"

图 6-6　"分享"页面

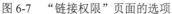

图 6-7 "链接权限"页面的选项

图 6-8 设置"链接有效期"

步骤 3：在如图 6-6 所示的"分享"页面，选择页面下方中间的"复制链接"按钮，将此链接发至微信/QQ 群或指定联系人，获得链接的任何人都可参与协作。

提示：此案例分享文档后，每一个参与协作的人都能同步看到文档的全部内容并编辑修改，协作者编辑的内容能实时保存到云端，并且有编辑权限的协作者都可以在该文档的"历史版本"页面中，将文档恢复到某个历史版本。

【案例2】取消共享及下载文档。

操作要求：

（1）将金山文档中发起的某个协作文档取消分享，任何协作者都不能再访问。

（2）将某协作文档下载到本地计算机。

操作过程与内容：

（1）文档作者取消分享。

打开微信小程序中的金山文档，在其首页的"共享"页面点击"我发出的"，如图 6-9 所示。点击要取消分享文档后面的功能按钮 ••• ，在弹出的功能列表中选择"取消共享"，如图 6-10 所示。创建者取消分享后，分享链接失效，文档作者之外的任何人都不能再访问该文档，当协作者点击链接时会出现如图 6-11 所示的提示页面。

图 6-9 "共享"页面

图 6-10 在功能页面选择"取消共享"

图 6-11 停用后提示页面

（2）下载协作文档到本地计算机。

方法 1：在计算机用浏览器操作。

在计算机的浏览器输入网址 https://kdocs.cn 登录金山文档官网。选中目标文档（如"离校生情况统计"），右击并在弹出的快捷菜单中选择"下载"命令，如图 6-12 所示。或者打开目标文档，在左上角单击≡按钮，在下拉菜单选择"下载"命令，如图 6-13 所示。之后在浏览器底部会显示所有下载的内容，在下载的文档名后单击下拉的按钮▼，在列表中选择相应命令打开目标文档或其所在文件夹等，如图 6-14 所示。

图 6-12　在目标文档右键菜单中选择"下载"命令

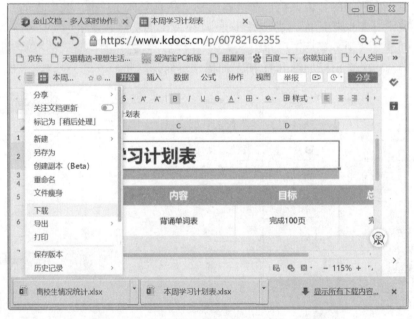

图 6-13　在功能列表中选择"下载"命令

方法 2：从手机端发送到计算机。

打开微信小程序中的金山文档，点击目标文档最右侧的按钮⬚，在出现的页面中选择"发送到电脑"（图 6-10），之后会出现如图 6-15 所示页面，需要按要求进行一系列操作，最后还是在计算机的浏览器中下载文件，此方法不推荐。推荐在微信中打开目标文档，点击右上角的按钮≡，在如图 6-16 所示的下拉列表中选择"下载"命令，此时会将共享文档以 Word/Excel/PPT 等形式下载为本地文件，之后将其通过微信、QQ 或电子邮件的附件发送即可，发送途径如图 6-17 所示。

图 6-14　下载后的操作列表

图 6-15　"发送到电脑"命令的
相关操作提示

图 6-16　在此列表中选择"下载"命令

图 6-17　发送文档的选项

【案例 3】使用金山表单收集数据。

操作要求：

（1）通过计算机浏览器登录金山文档，创建"通讯录"表单。

（2）将表单发送到指定微信群，向群内成员收集电话等通讯录信息。

操作过程与内容：

（1）在浏览器中输入网址 https://kdocs.cn 登录金山文档。点击左上角的"新建"按钮，在如图 6-18 所示的列表中选择"表单"。

图 6-18　在"新建"列表中选择"表单"

（2）在如图 6-19 所示的页面中选择创建类型为"表单（信息收集/问卷调查）"，则会弹出如图 6-20 所示的页面，输入表单标题如"家庭通讯录"后，单击"空白创建"按钮。

图 6-19　选择创建类型为"表单（信息收集/问卷调查）"

图 6-20　输入表单标题页面

提示：图 6-19 中"推荐应用场景"及"常用推荐"处提供的是表单模板，图 6-20 中也有"选择模板创建"选项，使用模板可以提高效率，如果没有适合的模板则需要自己设计表单内容。

（3）进入如图 6-21 所示的编辑页面后，在左侧"题目模板"分组中，单击选择表单内容，如"姓名""手机号"等，还可以选择"添加题目"分组中的"填空题""图片题"等自己设计题目。编辑完表单后单击页面右侧的"完成创建"按钮。

图 6-21　表单编辑页面

（4）进入图 6-22 所示的分享页面，选择"谁可以填写"（如"任何人可填"），在"邀请方式"处选择"链接"/"二维码"/"海报"，打开微信或 QQ 等应用选择指定群（如"家庭群"）粘贴后发送，群内成员即可以通过手机等设备在如图 6-23 所示的页面填写自己的表单内容。

图 6-22　分享页面　　　　　　图 6-23　在表单运行页面输入数据

（5）群内成员填写表单时看不到其他成员的信息，表单创建者登录金山文档

（https://kdocs.cn），打开创建的表单文件。在如图 6-24 所示的数据统计页面，单击"查看数据汇总表"按钮，可以生成如图 6-25 所示的电子表格云文档，并可以将该文档下载或分享。

图 6-24　表单的数据统计页面

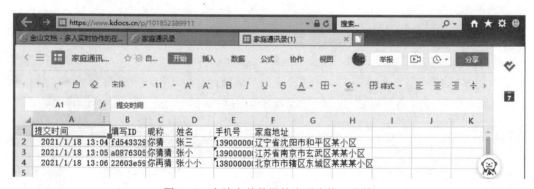

图 6-25　存放表单数据的电子表格云文档

提示： 在浏览器中登录金山文档后，页面右下角有时会出现金小熊的图标，单击它会出现如图 6-26 所示的帮助列表。如果想更多地了解金山文档的功能，可以找到并单击金小熊，选择"更多技巧"查看帮助。

图 6-26　帮助列表

四、实践练习

1. 创建一个主题为"家乡美食"的演示文稿在小组群内协作完成。

2. 在金山文档中创建一个"共享文件夹",命名为"大学班级",将在班级群内共享的文档存放在此文件夹下。

3. 创建一个金山文档中的表单用于收集班级同学的个人信息。

4. 使用金山文档中的表单创建一个问卷,向某些特定联系人发送,并将收集的问卷进行分析,最后以电子表格文档的形式下载。

5. 使用金山文档中的流程图,创建一个新生报到的流程图并分享给指定联系人。

五、实践思考

1. 金山文档与 WPS 办公软件有什么区别和联系?

2. 你是否使用过中国第一个云端在线协作文档"石墨文档"? 还有哪些与金山文档功能类似的在线协作工具?

实践 2 录屏与视频编辑工具——Camtasia Studio

Camtasia Studio 是 TechSmith 公司旗下的一款具有屏幕录制、视频剪辑和视频编辑等强大功能的应用软件。通过 Camtasia Studio,能很方便地录制屏幕操作和配音,剪辑视频,添加过场动画、说明字幕和水印,制作视频封面和菜单,并能实现视频压缩、分享和播放。Camtasia Studio 可以采集来自屏幕、麦克风、摄像头的声像信息,且编辑功能十分简单,输出的文件格式可以是 MP4、AVI 等多种视频格式,非常适合制作微课等视频应用。

Camtasia Studio 软件为收费软件,可以登录其官方网站下载和注册。如果想初步了解这款软件,可以注册为 30 天试用版本,免费试用时生成的视频带水印,购买后的视频没有水印。

一、实践目的

1. 了解 Camtasia Studio 软件的操作界面。
2. 掌握 Camtasia Studio 的录制屏幕操作。
3. 了解 Camtasia Studio 的视频编辑功能。
4. 掌握 Camtasia Studio 的视频分享功能。

二、实践准备

1. 登录其官网或官方推广网站,下载并注册 Camtasia Studio 最新版软件。

2. 下面案例以早期版本 Camtasia Studio 9 中文版为例进行讲解,其主要操作界面如图 6-27 所示。主界面主要分为 4 个区域,分别是菜单栏、功能区、预览区和编辑区。

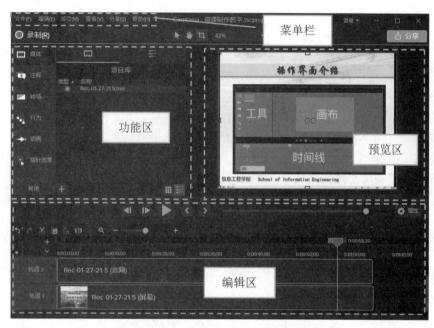

图 6-27   Camtasia Studio 9 的主界面

三、实践内容及步骤

【案例 1】录制屏幕。

操作要求：

创建一个新项目，录制一个自定义区域内的演示视频，如演示文稿的播放讲解、字处理软件或电子表格软件的操作演示。

操作过程与内容：

（1）新建项目。打开 Camtasia Studio，在如图 6-28 所示的初始界面选择"新建项目"；或者在主界面菜单栏单击"文件"→"新建项目"选项。

图 6-28   Camtasia Studio 的初始界面

（2）进入屏幕录制状态，设置录制区域。单击 Camtasia Studio 主界面左上角处的"录制"按钮（红色圆点形状），进入屏幕录制状态，如图 6-29 所示，根据实际情况在录屏工具栏"选择区域"分组中选择"自定义"列表中的某个选项。例如，计算机桌面运行的演示文稿为窗口放映状态，在自定义列表中选择最后一项"选择要录制的区域"，按住鼠标左键框选出录屏区域；或者选择"锁定应用程序"选项，录制区域与当前应用程序窗口锁定，并跟随应用程序窗口的大小变化自动调整；也可以选择"宽屏"或"标准"中区域选项，调整虚线录屏区域框的边界，手工调整大小。

图 6-29 Camtasia Studio 录屏状态下自定义录制区域

（3）设置摄像头及音频。在如图 6-30 所示的录屏工具栏的"录像设置"区域，设置摄像头及音频是否打开，并在其下拉列表中选择"选项"，打开"工具选项"对话框设置相关参数。

图 6-30 录屏工具栏中的音频设置列表

（4）录制过程中的操作。做好录制准备后，可以单击录屏工具栏右侧的红色 rec 按钮开始录制。默认状态下开始录制后工具栏隐藏，这时可使用快捷键 F9 开始或暂停录制，录制过程中如果对前面录制的内容不满意可以在工具栏执行删除操作后，重新录制。按快捷键 F10 可以停止录屏，返回 Camtasia Studio 主界面。

【案例 2】编辑视频。

操作要求：

将录制或导入的视频等媒体按顺序放到轨道上，在时间轴上剪辑视频，在视频上添加注释，设置转场效果。

操作过程与内容：

（1）打开 Camtasia Studio，单击"文件"菜单→"打开项目"选项，浏览并打开要编辑的项目，本例打开的是项目文件"微课制作教学.tscproj"。

（2）将项目库中录制或导入的媒体按播放顺序拖放到轨道上，如图 6-31 所示。分别将三段视频按播放顺序拖放在轨道上，其中轨道 2 为音频，轨道 1 为视频，可分别对它们进行编辑。

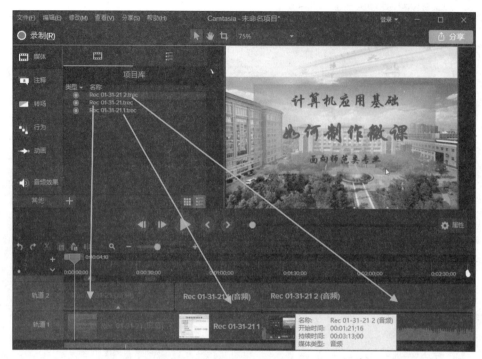

图 6-31   将项目库中的内容按播放顺序拖放到轨道上

（3）剪辑视频。如图 6-32 所示，将时间轴上 2:00 到 2:30 之间的音频、视频内容剪切下来。先将播放头移到时间轴 0:02:00:00 处，鼠标指针放在播放头右侧的红色终点标志上，按住鼠标左键将其拖放到 0:02:30:00 处，设置好起点和终点后单击编辑区域左上方的剪切按钮，可以将选定的对象剪切到剪贴板上。

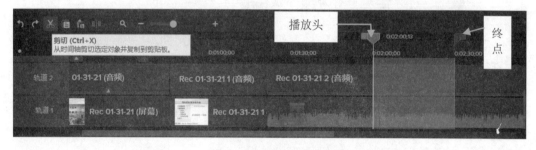

图 6-32   在时间轴上设置起点和终点后剪切所选内容

提示： "复制" 、"粘贴" 、"分割" 按钮可以实现复制选定区域、将剪贴板上内容粘贴到播放头所在位置、从播放头所在位置分割所选媒体的操作。

（4）在视频上添加注释。如图 6-33 所示，将播放头移至时间轴 0:00:9:20 处，单击编辑区域左侧功能列表中的"注释"，选择"草图运动"类型中第一行第四列的对号形状，将其拖放到预览区域要放置的位置上，这时将从播放头的位置开始在视频上显示注释的内容。注释显示的时长可在轨道上按住其边框（图 6-33 中轨道 3 上第一个对象）对照时间轴调整；可在预览区域选中"对号"形状后单击"属性"按钮，然后在屏幕右侧的属性区域中设置注释形状的颜色等。

提示：Camtasia Studio 9 注释的类型有"箭头&直线""草图运动""形状"等多种，可以在编辑区域选择"注释"后，在 栏中选择。

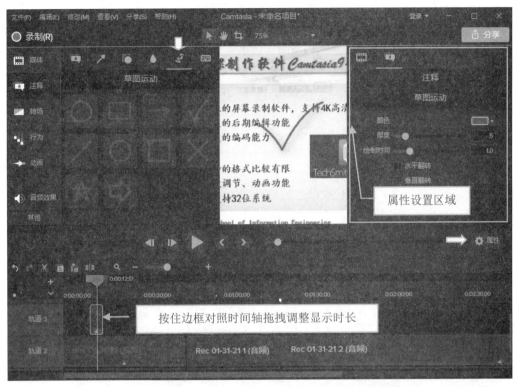

图 6-33　在视频中添加注释并设置其属性

（5）添加转场效果。通过轨道上视频的开始、结束及两个视频之间的位置可以设置转场效果，这有点像 PowerPoint 的幻灯片切换效果。操作方法非常简便，在功能区单击列表中的"转场"，出现如图 6-34 所示界面，选择所需的转场效果，将其拖拽到视频轨道（如轨道 1）上的某段视频的开始或结束处即可。如果对转场效果进行更改设置，则在轨道上选中转场标志，单击"属性"按钮，在其属性设置区域选择更改后的效果。如果要取消转场效果，则选中轨道上要删除的转场标志，按删除键（Delete）即可。

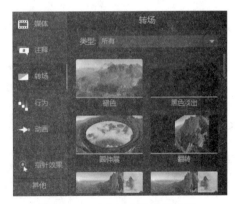

图 6-34　功能区中的转场选项

提示：Camtasia Studio 更多的编辑功能（鼠标指针效果设置、添加字幕或旁白等）可以在菜单栏的"修改"菜单或主界面左侧的功能列表的"其他"选项中查找。

【案例 3】编辑完成后保存、导出和分享视频。

操作要求：

将当前编辑好的项目保存到指定目录下，并使用分享功能将其转换为 MP4 格式的本地视频文件。

操作过程与内容：

（1）保存项目文件。在菜单栏中单击"文件"→"另存为"选项，打开"另存为"对话框，将当前项目文件（.tscproj）保存到指定的文件夹下。

（2）将当前项目导出为压缩文件。选择"文件"菜单中的"导出项目为 Zip"选项，将当前项目中所有的媒体文件（包括导入的音、视频文件及录屏文件），以及项目文件（.tscproj）存储为一个 ZIP 压缩文件包。导出所有文件以方便传输，或供其他时间或其他人员继续编辑。

（3）生成 MP4 格式的本地视频文件。"分享"功能是将时间轴上的媒体、图像、效果等合成到一起，生成可共享的视频，分享为本地文件，或分享到 YouTube、Google Drive 等应用上。下面主要介绍分享为 MP4 本地视频文件的操作过程。

单击 Camtasia Studio 9 主界面右上角的"分享"按钮 ⬆分享，选择"本地文件"选项；或者选择"分享"→"本地文件"，打开如图 6-35 所示的"生成向导"对话框，在选择框的下拉列表中选择文件类型，如"仅 MP4（最大 720p）"。单击"下一步"按钮，按向导要求设置文件的名称和保存位置等选项，最后单击"完成"按钮，生成一个 MP4 格式的视频文件。如果对生成文件的格式、大小、音视频设置有具体要求，可以在执行"分享"→"本地文件"命令后，在如图 6-35 所示的下拉列表中选择"自定义生成设置"，对要生成的视频进行更多设置。

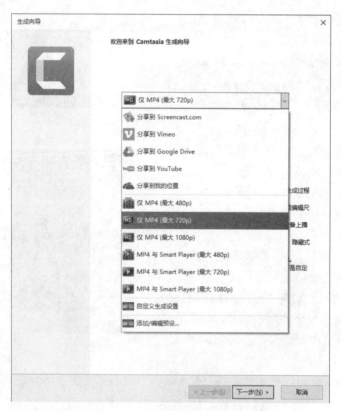

图 6-35　"生成向导"对话框

提示：更多有关 Camtasia Studio 的操作方法，可以通过其中文网站（https://www.luping.net.cn/jiaoxue.html）上的视频课程学习。

四、实践练习

1．使用 Camtasia Studio 录制屏幕操作 60 秒，在轨道上删除其音频，将导入的音乐文件放在轨道上，剪辑后存为 MP4 格式的本地文件。

2．录制屏幕时打开摄像头和音频，录制一段 60 秒的视频并对其中的音频进行降噪处理，编辑后存为 MP4 格式的本地文件。

3．编辑视频时录制旁白或添加字幕。

五、实践思考

1．有哪些方法可以提高录制屏幕的清晰度？

2．图像文件的分辨率与图像大小及文件存储空间大小是否有关系？

附加 1　思维导图——XMind 简介

思维导图，英文是 The Mind Map，又称心智导图，是表达发散性思维的有效图形思维工具，它简单却又很有效。思维导图用一个中心关键词，去发散并引发相关的想法，再运用图文并重的技巧，把各级主题的关系用相互隶属与相关的层级图表现出来，将主题关键词与图像、颜色等建立记忆链接，最终将想法用一张放射性的图有重点、有逻辑地表现出来。思维导图充分运用左右脑的机能，利用记忆、阅读、思维的规律，协助人们在科学与艺术、逻辑与想象之间平衡发展，从而激发人类大脑的无限潜能。

思维导图可以应用在学习、生活、工作的任何领域当中，通常可以应用于以下场景：

（1）制订计划。应用于计划的制订，包括工作计划、学习计划、旅游计划，计划可以按照时间或项目划分，将繁杂的日程整理清晰。

（2）项目管理。组织人员管理、拆解/分配任务、梳理需求。

（3）做笔记。传统的笔记记录大篇的文字，包含众多无用的修饰词，不易找出重要知识点，使用思维导图可将大篇幅内容进行拆分，找到从属关系，缩减文字量，便于理解与记忆。

（4）演示和做报告。思维导图简洁的表述方式可以更快速清晰地将演讲者的思路进行传达，使接受者更容易理解演讲者要传递的内容。

（5）辅助记忆。提炼记忆要点、搭建知识体系、整理英语知识点等。

（6）灵感/创意。创意思考、头脑风暴、写作框架、研发计划等其他应用。

思维导图工具软件有很多，包括 XMind、MindManager、MindMaster、亿图图示 Edraw、FreeMind、百度脑图、讯捷思维导图和幕布等。下面以 XMind 软件为例介绍思维导图的创建和编辑方法。

一、软件下载

1．请到 XMind 官方网站 https://www.xmind.cn/下载并安装 XMind 软件最新版本。

2．在手机或 Pad 的软件应用商店搜索并下载 XMind 软件。

二、功能简介

1. 创建思维导图，添加各级主题

（1）在电脑上打开 XMind 软件的开始界面，选择一个合适的模板，例如选择"经典 II"，单击"创建"按钮，进入 XMind 编辑窗口，如图 6-36 所示。

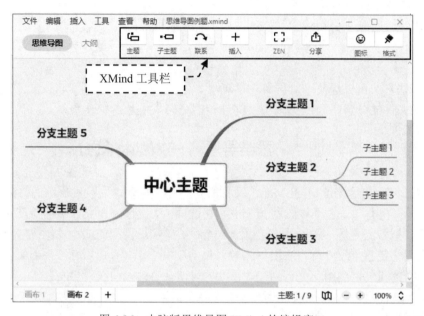

图 6-36　电脑版思维导图 XMind 的编辑窗口

（2）在编辑窗口编辑思维导图的各级主题。首先选择思维导图的"中心主题"，按 Backspace 键开始编辑节点内容，输入完成按 Enter 键。为当前主题（如中心主题）添加子主题，可使用快捷键 Tab，等同于选择"插入"菜单→"子主题"或工具栏上的"子主题"按钮。选中某一分支主题，按 Enter 键可在其后添加同级主题，等同于单击工具栏中的"主题"按钮，或选择菜单"插入"→"主题"选项。

（3）在大纲视图下编辑各级主题。单击菜单栏下方的"大纲"按钮，将窗口切换至大纲视图。也可在大纲视图下输入文本内容，并通过 Tab 键或"缩进"按钮使文本内容下降一级，通过快捷键 Shift+Tab 或"减少缩进"按钮将内容提升一级。例如，单击"产生"主题前黑色小三角图标▼，可折叠主题内容，在大纲主题下输入"作用和特点"主题的内容并调整大纲级别，如图 6-37 所示。将视图切换回思维导图视图，其部分内容的效果如图 6-38 所示。

图 6-37　大纲视图下编辑各级分支主题

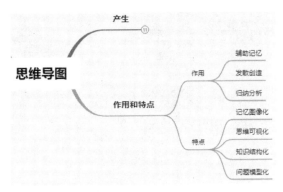

图 6-38　思维导图视图下的部分编辑效果

2. 编辑并丰富思维导图的内容

（1）隐藏/显示主题。选中某一分支主题后，单击主题后的⊖图标，可以折叠主题分支内容；隐藏后单击当前主题后的带数字图标，可展开主题分支。

（2）调整主题位置。选中某一分支主题，按住鼠标左键拖动鼠标，将其调整到适当位置后松开鼠标左键。

（3）为主题插入外框和联系。如图 6-39 所示，按住 Ctrl 键，依次单击"简短""概括""助记"三个子主题，单击工具栏上的"外框"按钮，为选中的主题分组。

选中"长度"子主题，单击工具栏上的"联系"按钮，为长度与关键词分组建立联系，双击"联系"，将线上的"联系"修改为"等长"。拖动联系线上的控制点，可以调整曲线角度和方向。

（4）为主题插入概要和标签。如图 6-40 所示，首先选择一个子主题如"放射思维"，按住 Shift 键，然后单击"分析思维"，全选思维能力的所有子主题。单击工具栏上的"概要"按钮，插入概要，双击"概要"修改为"多看，多练 多写，多思"（主题框内换行输入用快捷键 Shift+Enter）。

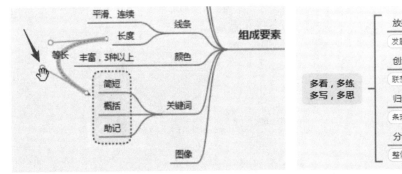

图 6-39　为主题插入外框和联系

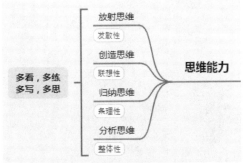

图 6-40　为主题插入概要和标签

选择"放射思维"主题，单击"插入"按钮，在弹出的子菜单中选择"标签"，输入"发散性"。使用相同方法，依次为"创造思维""归纳思维"和"分析思维"插入标签"联想性""条理性"和"整体性"。

（5）为主题插入笔记。选择"产生"主题下的"左、右脑的不同功能"子主题，单击工具栏的"笔记"按钮，为其插入笔记并设置字体格式，编辑内容，如图 6-41 所示。

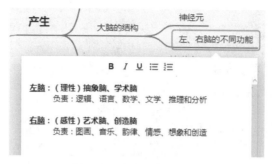

图 6-41　为主题插入笔记

3. 美化思维导图

（1）如图 6-42 所示，单击窗口右侧的"格式"按钮，打开格式设置窗格。

在"格式"窗格"样式"选项页中，可以对主题结构、字体效果、线条和边框的样式、颜色、形状以及填充色等元素进行设置和修改。例如，选择"思维导图"中心主题，然后选择"格式"窗格中"样式"选项卡，勾选"边框"复选框，并设置边框粗细和颜色。

在"格式"窗格"画布"选项页中，可以对画布的风格、背景和线条等项目进行设置。例如，单击画布空白处，切换"画布"选项页，设置画布线主题分支为"彩虹分支第一项"。

（2）为主题添加标记或贴纸。例如，双击"思维导图"中心主题，将光标调整至最前面，单击窗口右侧的"图标"按钮，打开图标任务窗格，选择"贴纸"选项页中"教育"类里面的"博士帽"图片，插入贴纸图片，如图 6-42 所示。

图 6-42　XMind 编辑界面的格式设置窗格

4. 保存思维导图，并以 PNG 图片形式导出思维导图

单击"文件"菜单中的"保存"命令（或使用快捷键 Ctrl+S），将文件保存为扩展名.xmind 的思维导图文件。

单击工具栏上的"分享"  按钮，在弹出的菜单中选择 PNG，弹出如图 6-43 所示的对话框，设置"内容"和"缩放"后，单击"导出"按钮。在弹出的"导出"对话框中设置保存路径、输入文件名称后，单击"保存"命令导出图片。

图 6-43　以 PNG 图片形式导出思维导图

提示：思维导图不仅像本例一样可由模板生成，还可选择由图库生成。

三、实践练习

利用 XMind 软件绘制如图 6-44 所示的思维导图，用以描述思维导图的相关定义和知识。

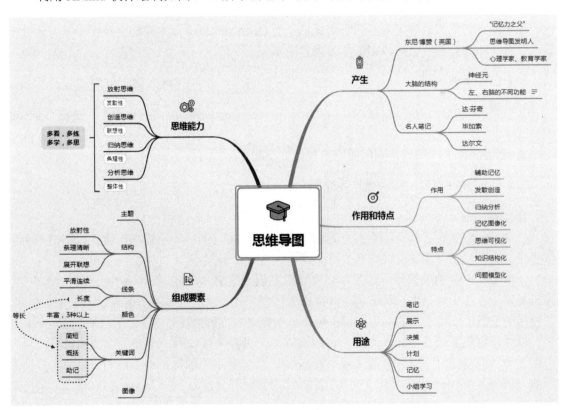

图 6-44　思维导图综合练习

附加 2　电子笔记——OneNote 2016 简介

　　电子笔记软件是一个集收集、管理、智能分类，以及搜索、网络共享这些强大的功能于一身的知识管理工具软件。它可以将我们从外部获取的信息和想法进行归纳和整理，并以数字化的形式存储和分享。现在主流的电子笔记本软件有 OneNote、印象笔记、有道云笔记、Notability 和 GoodNotes 等。

　　OneNote 被称为现在 PC 端上最强大的电子笔记软件之一，在每一台 Windows 10 的计算机中都自带了 OneNote 软件，如果能够好好地利用它，则可以给我们的学习和生活带来很大的便利。相比于其他电子笔记软件，除了同样具有可反复修改、可搜索、高效编辑和统一管理等共性之外，OneNote 软件的有以下几点优势：

　　（1）它的操作逻辑与其他的 Office 组件相同，使其上手非常容易，可以与其他 Office 软件无缝对接。

　　（2）OneNote 免费用户也有 5G 的存储空间（OneDrive），将电子笔记上传至云端可以实现多平台的云端同步共享，使用计算机、手机和 Pad 都可以随时浏览和备份，并且 OneNote 2016 支持本地存储，没有网络环境也可以进行操作。

　　（3）OneNote 软件全功能免费，无使用期限。OneNote 主流的版本有两个：OneNote UWP 版（Windows 10 自带）和 OneNote 2016 版（Office 2016 套件）。UWP 版本有专门针对 Pad、手机或触摸屏设计的功能，结合手写设备使用更加高效，它界面简洁，外观美观，同步性能较强，比较适合日常记录随笔内容或听课笔记。而 OneNote 2016 版本功能更全面丰富，适合于管理、分类知识体系，总结、整理学习内容等工作。

一、软件下载

　　1．请到微软 OneNote 软件官方网站https://www.onenote.com/download下载并安装 OneNote 相应版本。

　　2．在手机或 Pad 的软件应用商店中搜索并下载 OneNote。

二、OneNote 层次结构及操作界面简介

1．OneNote 的层次结构

　　OneNote 是由笔记本、分区（或分区组）以及页（和子页）三层结构组成的，笔记本中包含多个分区，每个分区又可以有多个页面。

　　OneNote 2016 的编辑界面如图 6-45 所示，左侧为笔记本窗格，图中有"我的笔记本""计算机基础"等 4 个笔记本。默认状态该窗格为折叠方式，可通过单击当前显示的笔记本名称，在弹出的窗格中切换不同的笔记本，也可以单击窗格右上脚的图钉 ➡ 按钮，将窗格展开。

　　以"计算机基础"笔记本为例，将该课程笔记以各个章作为一个分区，如编辑界面上方"第 1 章 计算机操作基础""第 2 章 Windows"等。各章中的每个小节作为一页，如界面右侧的当前分区"第 6 章 实用软件介绍"中共 4 个页面，分别为"一、金山文档""二、录屏工具"、"三、XMind 思维导图"和"四、其他软件"。

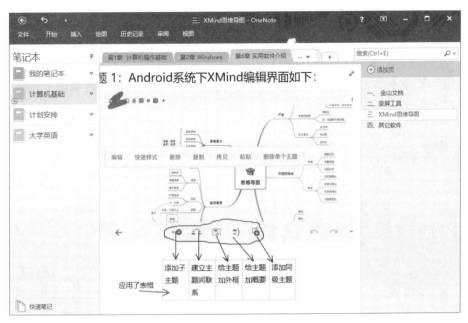

图 6-45 OneNote 笔记应用举例

2. OneNote 的页面内容

图 6-45 中间编辑区域为当前页面"三、XMind 思维导图"的内容。页面内容可以包含文本、图像、表格、录制的音频/视频、绘制的线条、形状等多种元素。可以用多种形式呈现笔记内容，而且适合会议现场或课堂上及时以录音、视频、文字等形式进行记录。

三、功能简介

1. 创建 OneNote 的层次结构

（1）新建笔记本。在 Windows 10 系统中单击"开始"→"所有程序"→"OneNote 2016"，启动 OneNote 2016。单击"文件"启动 OneNote 的后台操作界面，单击"新建"，打开"新笔记本"窗口，如图 6-46 所示。

图 6-46 "新笔记本"窗口

选择笔记本存放位置，在本例中选择将新笔记本存储到 OneDrive 网盘上，输入笔记本名称"计算机基础"后，单击"创建笔记本"按钮（也可以选择将笔记本存储于本地硬盘当中）。

提示：可以通过邮箱注册 Office 账户，申请 OneDrive 网盘 5G 免费空间。而且使用账户登录后，创建的 OneDrive 网盘笔记可以实现多人或多设备（手机、计算机、Pad）共享文档。

（2）在笔记中创建分区。在 OneNote 工作区的上方，是分区（或分区组）的标签，单击标签后的加号 + 按钮，新建分区，也可以右击分区标签，在弹出的快捷菜单中选择新建分区或分区组，如图 6-47 所示。

图 6-47　OneNote 的分区操作的快捷菜单

如图 6-48 所示的内容，按本书章节在当前笔记本中创建五个分区和一个分区组。分区组命名为"Office 三件套"，包含三个子分区，如图 6-49 所示，然后单击标签左侧的 5 按钮，返回其父分区组。

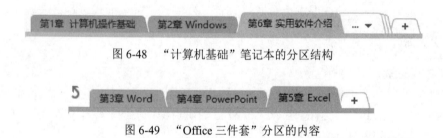

图 6-48　"计算机基础"笔记本的分区结构

图 6-49　"Office 三件套"分区的内容

OneNote 会自动为各个分区使用不同的标签颜色，也可以通过"页颜色"菜单项修改标签颜色。

（3）在分区中添加页。在 OneNote 工作区的右侧是页标签窗格，如图 6-50 所示，可以通过"添加页"按钮在分区结尾处添加页面。也可通过"插入页"按钮在当前位置添加新页面。也可以通过在页标题上右击，打开如图 6-51 所示的快捷菜单，对页面进行更多操作。

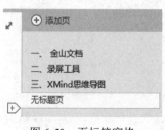

图 6-50　页标签窗格

图 6-51　页面操作的快捷菜单

2．编辑页面内容

（1）编辑文本。就像在纸质笔记本上写字一样，可以在 OneNote 页面任意位置输入文字。如图 6-52 所示，单击页面定位插入点，即可输入文字。选中要格式化的文本，在快捷工具栏或"开始"选项卡中可以设置文本的格式。

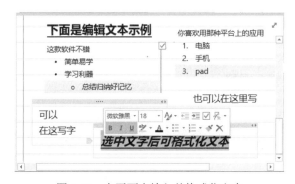

图 6-52　在页面中输入并格式化文本

选中文本框后，左侧会出现向右的箭头▷图标，双击该图标可以折叠文本内容，此时会出现 ⊞ 图标，双击 ⊞ 图标，可以展开内容。也可以通过拖动每行前的▷图标，调整每行文本顺序。文本框中的内容也可通过拖动的方式进行拆分和合并。

（2）插入图像。定位插入点后，选择如图 6-53 所示的"插入"选项卡。单击"图像"→"图片"按钮，插入指定文件中的图片；单击"图像"→"屏幕剪辑"按钮可以插入截取的屏幕；单击"图像"→"联机图片"按钮可以在网上搜索所需图片并插入。

图 6-53　"插入"选项卡

（3）通过"录音"和"录像"功能记录笔记。将光标定位于图片下方，单击"插入"选项卡中的"录音"按钮，开始录音。单击如图 6-54 所示"音频和视频"复选项卡中的"停止"按钮，结束录音。

图 6-54　"音频和视频"选项卡

　　OneNote 具有"录音"标记功能，可以实现通过录音来记录学习内容，并在录音过程中，分时间段简单写下关键词（制作录音标记），之后听录音时将鼠标指针移到相应的关键词单击，就会跳转到该部分播放。这种录音方式效率提高很多，不再需要一点一点地通过快进来查找想听的部分。

　　提示：录音和录像功能均需要计算机具有录音和录像设备（麦克风和摄像头）。此项功能在手机上使用 OneNote 时更方便。

　　（4）插入表格。单击"插入"选项卡中"表格"，插入一个 5×1 的表格（5 行 1 列），将光标定位于表格中，输入单元格内容，如图 6-55 所示。在"表格工具"→"布局"功能区中，可以进行添加底纹、设置表格行/列等操作。

图 6-55　在笔记页面插入表格

　　（5）绘图功能。OneNote 的绘图功能区主要用于手写笔记的操作，在手机端、Pad 或具有手写板设备的计算机上可以使记笔记变得更高效和个性化。

　　单击"绘图"选项卡"工具"组（图 6-56）中的"颜色和粗细"按钮，打开对话框，设置绘图笔颜色、粗细即可随意绘制图形和文字。选择"形状"分组中的某一形状，可在页面插入箭头、方框等图形。

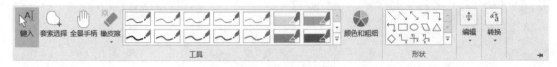

图 6-56　"绘图"选项卡

　　（6）标记的使用。在页面空白处单击，选择"开始"选项卡"标记"中的"重要"标记（或按快捷键 Ctrl+2）插入重要标记，如图 6-57 所示，输入"课后作业"后按 Enter 键。再选择"待办事项"标记，输入两行待办事项。

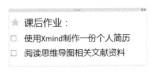

图 6-57　标记功能的应用

（7）导入 PDF 和 PPT 文档。OneNote 允许以附件或打印样式两种形式导入文档。

将光标定位于课后作业文本框后面，单击"插入"选项卡中的"文件附件"按钮，在弹出的对话框中，选择第 6 章文件夹下的 PDF 文件，将 PDF 文件以附件形式插入文档，双击其图标即可打开文档。

将光标定位于页面下方空白处，单击"插入"选项卡中的"文件打印样式"，在弹出的对话框中，选择第 6 章文件夹中的 PPT 文档，将 PPT 文档中每一页幻灯片插入当前页面中。

提示：将多页的 PPT 文档或 PDF 文档导入同一页面中，需在通过"文件"→"选项"→"高级"打开的 OneNote 选项对话框的"打印输出"栏中取消勾选"在多个页面上插入长打印输出"复选框，如图 6-58 所示。

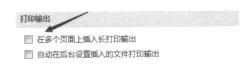

图 6-58　以"文件打印样式"输入文档的相关设置

3. 同步存储笔记，并导出笔记内容

OneNote 软件没有保存功能，它具有实时存储功能，每当对笔记做了修改后，OneNote 会自动同步存储在云盘（或本地硬盘）上。可以通过"文件"→"选项"打开选项对话框，在"保存和备份"功能中设置默认的备份时间。

单击"文件"→"导出"，打开"导出"窗口，如图 6-59 所示，以 PDF 格式导出当前页面，单击"导出"按钮，在弹出的"另存为"窗口输入保存的路径和文件名称即可。

图 6-59　以 PDF 文档格式导出当前页面

四、实践练习

1. 使用 OneNote 软件，制作一个读书笔记，记录你读某一本书的心得和收获。

2. 使用 OneNote 软件中的计划模板创建"待办事项列表"页。

操作提示：如图 6-60 所示，选择"插入"选项卡，单击"页面模板"→"计划"→"简易待办事项模板"；选择背景图案，如"书籍-图案"；单击最下方的"将当前页另存为模板"，设置模板名称即可。

图 6-60　"待办事项列表"页

第7章 计算机网络基础

 本章实践的基本要求：

- 学会使用浏览器。
- 能够收发电子邮件。
- 学会使用搜索引擎。
- 学会下载常用软件。
- 能够利用网络自学。

实践1 360浏览器基本操作

一、实践目的

1. 掌握 360 浏览器的使用方法。
2. 掌握 360 浏览器的常用设置。

二、实践准备

1. 硬件准备

计算机及互联网。

2. 知识准备

（1）WWW 的概念。WWW 是 World Wide Web 的缩写，可译为"全球信息网"或"万维网"，有时简称 Web。WWW 是由无数的网页组合在一起的，是 Internet 上的一种基于超文本的信息检索和浏览方式，是目前 Internet 用户使用最多的信息查询服务系统。

（2）浏览器（Browser）。在互联网上浏览网页内容离不开浏览器。浏览器实际上是一个软件程序，用于与 WWW 建立连接，并与之进行通信。它可以在 WWW 系统中根据链接确定信息资源的位置，并将用户感兴趣的信息资源显示出来，对 HTML 文件进行解释，然后将文字、图像或者多媒体信息还原出来。

360 安全浏览器是 360 安全中心推出的一款基于 IE 内核的浏览器，是世界之窗开发者凤凰工作室和 360 安全中心合作的产品。和 360 安全卫士、360 杀毒等软件产品一同成为 360 安全中心的系列产品。360 安全浏览器拥有全国最大的恶意网址库，采用恶意网址拦截技术，可自动拦截挂马、欺诈、网银仿冒等恶意网址；独创沙箱技术，在隔离模式即使访问木马也不会感染。360 安全浏览器体积小巧、速度快、极少崩溃，并拥有翻译、截图、鼠标手势、广告过滤等几十种实用功能，已成为广大网民上网的优先选择。

三、实践内容及步骤

1. 浏览 Web 网页

操作过程与内容：

（1）双击桌面上的 360 安全浏览器图标，或单击"开始"按钮，在"开始"菜单中选择"360 安全浏览器"命令，即可打开"360 安全浏览器"窗口，如图 7-1 所示。

图 7-1　"360 安全浏览器"窗口

（2）在地址栏中输入要浏览的 Web 站点的 URL（统一资源定位符）地址，可以打开其对应的 Web 主页。

（3）在打开的 Web 网页中，常常会有一些文字、图片、标题等，将鼠标指针放到其上面，鼠标指针会变成"🖑"形，这表明此处是一个超链接。单击该超链接，即可进入其所指向的新的 Web 页。

（4）在浏览 Web 页中，若用户想回到上一个浏览过的 Web 页，可单击工具栏上的"后退"按钮 ←；若想转到下一个浏览过的 Web 页，可单击"前进"按钮 →。

2. 快速打开站点

操作过程与内容：

方法一：使用地址栏下拉列表。

单击地址栏右侧的下拉按钮，在下拉列表（图 7-2）中选择某个 Web 站点地址，如百度地址，即可快速打开该 Web 站点。

方法二：使用"收藏"按钮。

（1）打开某个站点网页（如沈阳大学），单击收藏栏上的"收藏"按钮，弹出如图 7-3 所示的"添加到收藏夹"对话框。

图 7-2 地址栏下下拉列表

图 7-3 "添加到收藏夹"对话框

（2）在"网页标题"文本框中输入或修改标题，单击"添加"按钮，将该 Web 站点地址添加到收藏夹中。

（3）当一个新站点添加成功后，收藏夹栏中就会增加该站点的名字，如图 7-4 所示。

图 7-4 收藏夹栏上的"收藏"列表

（4）单击收藏夹栏中的任意一个站点按钮，即可快速打开该 Web 网页。

操作提示：直接按快捷键 Ctrl+D，可快速将当前 Web 网页保存到收藏夹中。

3．查看历史记录

操作过程与内容：

（1）想看浏览过的站点，单击地址栏最右侧的"打开菜单"按钮，打开下拉菜单，如图 7-5 所示。

（2）单击"历史"选项，会打开"历史记录"窗口，用户可以很方便地查看曾经浏览过的网页。如图 7-6 所示。

图 7-5 "打开菜单"下的"历史"选项

图 7-6 "历史记录"窗口

4. 清除上网痕迹

操作过程与内容:

（1）想清除上网痕迹，可以在如图 7-5 所示的下拉菜单中，单击"清除上网痕迹"选项。

（2）弹出"清除上网痕迹"对话框（图 7-7），在"清除这段时间的数据"下拉列表中选择时间段。

图 7-7　"清除上网痕迹"对话框

（3）勾选想清除的项目，单击"立即清理"按钮。

5. 利用 360 安全浏览器截图

操作过程与内容：

方法一：使用"截图"按钮。

（1）打开"360 安全浏览器"，在插件栏中，默认是会有截图的功能的，单击"截图"下拉按钮，打开如图 7-8 所示的"截图"菜单，就可以看到不同的截图方式，即"指定区域截图""指定区域截图（隐藏浏览器窗口）"。这里选择"指定区域截图"。

（2）单击"指定区域截图"后，截图工具会划定一个区域让用户截图。用户可以在此区域中任意截图，如图 7-9 所示。

图 7-8　"截图"菜单

图 7-9　截图工具操作示意

方法二：使用快捷键。

（1）使用默认快捷键：默认打开截图的快捷键是 Ctrl+Shift+X。

（2）修改快捷键。

如果用户觉得默认快捷键不方便，可以在"截图"菜单栏中选择"设置"，如图 7-10 所示。

打开"设置"对话框（图 7-11）之后，可以看到快捷键的设置界面，用户便可自行修改截图的快捷键了。

图 7-10 "截图"菜单中的"设置"选项

图 7-11 "设置"对话框

6. 修改 360 安全浏览器主页

操作过程与内容：

（1）打开浏览器，单击"打开菜单"按钮，在下拉菜单（图 7-12）中选择"设置"。

图 7-12 "打开菜单"下的"设置"选项

（2）在弹出的窗口（图 7-13）中单击"修改主页"，输入想设置的主页网址，单击"确定"按钮，重启浏览器即可。

图 7-13 "选项"窗口

如果还没有改过来，可能是 360 安全卫士锁定了主页，解锁即可。解锁方法如下：

（1）单击"修改主页"按钮，会弹出"浏览器防护设置"对话框，如图 7-14 所示。

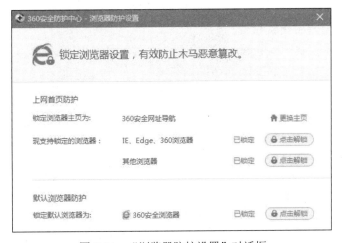

图 7-14 "浏览器防护设置"对话框

（2）单击相应的"点击解锁"按钮，解锁锁定，并输入新的主页，如图 7-15 所示。同时，在"浏览器防护设置"对话框中还可以设置默认的浏览器，如图 7-16 所示。

图 7-15　设置浏览器新的主页

图 7-16　默认浏览器的选择

7．360 安全浏览器常用快捷键

对于经常使用 360 安全浏览器浏览网页的人来说，熟知快捷键是很有必要的。

- Ctrl+Tab、Ctrl+Shift+Tab　切换标签
- Ctrl+K　复制标签
- Ctrl+W、Ctrl+F4　关闭当前标签
- Ctrl+Shift+W　关闭所有标签
- Esc　停止当前页面
- Ctrl+F5　强制刷新当前页面
- Ctrl+Shift+M　浏览器静音
- Ctrl+A　全部选中当前页面内容（Ctrl+5 也有同样的效果）
- Ctrl+B　显示/隐藏收藏栏
- Ctrl+C　复制当前选中内容
- Ctrl+D　添加收藏
- Ctrl+E　撤销（亦称 360 安全浏览器中的"后悔药"）

- Ctrl+F　查找
- Ctrl+N　新建窗口
- Ctrl+O　打开文件
- Ctrl+P　打印
- Ctrl+Q　默认为老板键（隐藏浏览器）
- Ctrl+R　搜索选定的关键字
- Ctrl+S　保存网页
- Ctrl+T　打开一个空白页标签
- Ctrl+Shift+S　显示/隐藏侧边栏
- Ctrl+M　另存为
- Ctrl+V　粘贴
- Ctrl+X　剪切
- Ctrl+小键盘"+"　当前页面放大 5%
- Ctrl+小键盘"-"　当前页面缩小 5%
- Ctrl+Alt+F　禁用/开启 Flash
- Ctrl+Shift+W　关闭所有标签
- Ctrl+单击页面链接　在新标签访问链接
- Ctrl+向上滚动鼠标滚轮　放大页面
- Ctrl+向下滚动鼠标滚轮　缩小页面
- Ctrl+Alt+滚动鼠标滚轮　恢复页面到 100%
- Ctrl+Alt+单击页面元素　保存页面元素
- Ctrl+Alt+Shift+单击页面元素　显示元素地址

注意：F1～F12 会因为设置了"热键网址"而失效！

- F2　使标签向左移动
- F3　使标签向右移动
- F4　关闭当前标签
- F5　刷新当前网页
- F6　显示输入过的网址历史
- F11　让 360 安全浏览器全屏显示（再按一次则是取消全屏模式）
- Tab　在当前页面中，焦点移动到下一个项目
- 空格键　窗口向下移动半个窗口的距离
- Alt+B　展开收藏夹列表
- Alt+D　输入焦点移到地址栏
- Alt+F　展开文件菜单
- Alt+T　展开工具菜单
- Alt+V　展开查看菜单
- Alt+Z　重新打开并激活到最近关闭的页面（窗口）
- Alt+F4　关闭 360 安全浏览器
- Shift+F5　刷新所有页面

- Shift+F10   打开右键快捷菜单
- Shift+Esc   停止载入所有页面
- Shift+Tab   在当前页面中，焦点移动到上一个项目
- Shift+单击超链接   在新窗口中打开该链接

实践 2   收发电子邮件

一、实践目的

1. 掌握如何申请免费电子邮箱。
2. 掌握利用免费电子邮箱收发邮件。

二、实践准备

目前，国际、国内的很多网站都提供了各有特色的电子邮箱服务，而且均有收费和免费版本。比较著名的有 HotMail（username@hotmail.com）、新浪（username@sina.com.cn）、搜狐（username@sohu.com）、首都在线（username@263.net）、网易（username@163.com）等。以下步骤以"网易"的邮箱申请为例。

三、实践内容及步骤

1. 登录免费电子邮箱
操作过程与内容：

（1）以网易 163 邮箱为例。在地址栏中输入 mail.163.com，打开网易的 163 网易免费邮箱登录网页，如图 7-17 所示，单击"注册网易邮箱"。

图 7-17   163 网易免费邮箱"邮箱登录"网页

（2）打开注册网易免费邮箱网页，如图 7-18 所示，填入邮箱地址名称（只能填字母、数字和下划线，确保不和他人重复，如有重复系统会自动提示），再输入密码和验证码，单击"立即注册"即可。

图 7-18　注册网易免费邮箱网页

（3）随后可以看到注册成功，以后就可以用此邮箱名和设定好的密码登录自己的网易邮箱了。

2. 使用免费电子邮箱收发 E-mail

操作过程与内容：

（1）进入网易首页，单击页面顶部的"登录"，填入邮箱名和密码，进入"电子邮箱"首页，如图 7-19 所示。

图 7-19　网易免费邮箱首页

（2）接收邮件。

1）单击"收信"→"收件箱"，可以查看收件箱中接收的所有邮件的发件人、主题、时间等信息，如图7-20所示。

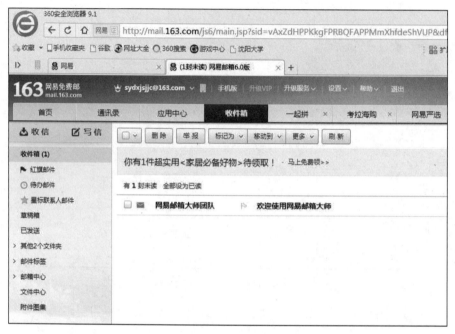

图7-20   收件箱

2）单击邮件主题，查看邮件内容，如图7-21所示。

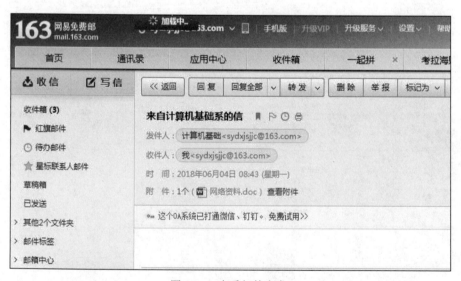

图7-21   查看邮件内容

3）对有附件的邮件，可单击附件图标后面的"查看附件"项，跳转到附件所在位置，将鼠标指针放置其上，会显示如图7-22所示的菜单，可具体选择如何继续操作。

图 7-22　附件操作菜单

（3）编辑并发送邮件。

1）单击"写信"按钮，进入邮件的编辑窗口，如图 7-23 所示。

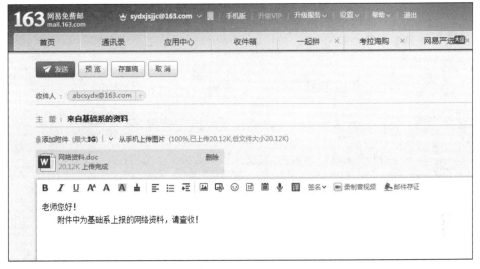

图 7-23　写信页面

2）在"收件人"文本框输入收件人地址，"主题"文本框输入邮件的主题，在邮件编辑区输入邮件的正文。

3）如果有文件需要传送，可以单击"添加附件"，打开"选择文件"对话框，选择作为附件的文件，单击"打开"按钮。

4）单击"发送"按钮，如果成功，则会出现"邮件发送成功"的系统提示。

实践 3　搜索引擎的使用

一、实践目的

1. 掌握搜索引擎的使用方法。

2. 了解常用的网络下载方式，并能熟练使用一种下载软件。

二、实践准备

1. 了解搜索引擎

搜索引擎（Search Engine）是 Internet 上具有查询功能的网页的统称，是开启网络知识殿堂的钥匙、获取知识信息的工具。随着网络技术的飞速发展和搜索技术的日臻完善，中外搜索引擎已广为人们熟知和使用。任何搜索引擎的设计，均有其特定的数据库索引范围、独特的功能和使用方法，以及预期的用户群指向。它是一些网络服务商为网络用户提供的检索站点，它收集了网上的各种资源，然后根据一种固定的规律进行分类，提供给用户进行检索。互联网上信息量十分巨大，恰当地使用搜索引擎可以帮助我们快速找到自己需要的信息。

2. 常用的中文搜索引擎

百度搜索引擎（http://www.baidu.com）、360 搜索引擎（http://www.360.com）、有道搜索引擎（http://www.youdao.com）等。

三、实践内容及步骤

1. 使用百度搜索引擎查找资料

操作过程与内容：

（1）打开百度主页，如图 7-24 所示。

图 7-24　百度主页

（2）关键字检索：在百度主页的检索栏内输入关键字串，单击"百度一下"按钮，百度搜索引擎会搜索中文分类条目、资料库中的网站信息以及新闻资料库，搜索完毕后将检索的结果显示出来，单击某一链接查看详细内容。百度会提供符合全部查询条件的资料，并把最相关的网页排在前列。

实践 4　360 软件管家的使用

一、实践目的

1. 掌握 360 软件管家下载软件的方法。
2. 掌握 360 软件管家卸载软件的方法。

二、实践准备

　　360 软件管家是360 安全卫士中提供的一个集软件下载、更新、卸载、优化于一体的工具。由软件厂商主动向360 安全中心提交的软件，经 360 工作人员审核后公布。这些软件更新时，360 用户能在第一时间内更新到最新版本。360 安全卫士如图 7-25 所示。选择"软件管家"项，弹出"软件管家"界面，如图 7-26 所示。

图 7-25　360 安全卫士

　　通过"软件管家"，用户可以完成如下操作：

　　（1）软件升级。将当前计算机的软件升级到最新版本。新版具有一键安装功能，用户设定目录后可自动安装，适合多个软件无人值守安装。

　　（2）软件卸载。卸载当前计算机上的软件，可以强力卸载，清除软件残留的垃圾，往往杀毒软件、大型软件不能完全卸载，剩余文件占用大量磁盘空间，这个功能能将这类垃圾文件删除。

　　（3）手机必备。"手机必备"是经过360 安全中心精心挑选的手机软件，安卓、塞班、苹果用户可以直接进入软件下载界面，而 WM 等其他平台的手机可以通过选择类似的机型来安装适合自己的软件。

　　（4）软件体检。帮助用户全面检测计算机软件问题并一键修复。

图 7-26　360 软件管家

二、实践内容及步骤

1. 下载软件

操作过程与内容：

以安装视频软件"爱奇艺视频"为例，介绍"软件管家"安装软件的过程。

（1）首先打开"软件管家"，选择软件窗口上方的"宝库"项，在左侧的"宝库分类"中选择"视频软件"，会在主窗口的软件列表中列出"软件管家"中包含的所有的视频软件。

（2）选择"爱奇艺视频"，单击该软件对应的"一键安装"按钮进行安装，如图 7-27 所示。

图 7-27　软件安装界面

2．卸载软件

操作过程与内容：

（1）首先打开"软件管家"，选择软件窗口上方的"卸载"项，在左侧将显示系统中已经安装的软件列表，选择"视频软件"，会在主窗口的软件列表中，列出本系统中包含的所有视频软件。

（2）选择"爱奇艺视频"，单击该软件对应的"一键卸载"按钮进行卸载，如图 7-28 所示。

图 7-28　利用"软件管家"卸载软件

实践 5　利用网络自学

一、实践目的

1．掌握查找网络学习资源的方法。
2．掌握登录、注册、使用网络学习网站的方法。

二、实践准备

网络作为一种重要的课程资源，具有海量、交互、共享等特性，我们可以利用网络来进行自学，下面就以一个非常优秀的自学网站"我要自学网"为例加以介绍。

"我要自学网"是由来自计算机培训学校和职业高校的老师联手创立的一个视频教学网，网站里的视频教程均由经验丰富的在职老师原创录制，同时提供各类贴心服务，让用户享受一站式的学习服务。

三、实践内容及步骤

1. 查找"我要自学网"官网

操作过程与内容：

（1）在百度页面中搜索关键字"我要自学网"，在弹出列表中选择"我要自学网"官网首页，如图 7-29 所示。

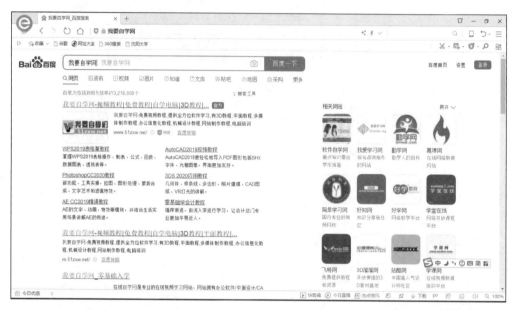

图 7-29　百度搜索"我要自学网"

（2）单击官网链接，进入"我要自学网"首页，如图 7-30 所示。

图 7-30　"我要自学网"首页

（3）用户需要登记注册为学员，才可免费观看各类视频教程（少部分 VIP 服务需要缴费）。学员除了能够免费获取视频教程以外，网站还提供了各种辅助服务，有课程板书、课程素材、课后练习、设计素材、设计欣赏、课间游戏、就业指南、论坛交流等栏目。

2. 利用网络自学"Dreamweaver CS5 网页制作教程"

操作过程与内容：

（1）登录"我要自学网"网站首页，选择"网页设计"菜单项，打开与"网页设计"相关的教学视频列表窗口，如图 7-31 所示。

图 7-31　"网页设计"视频列表窗口

（2）选择"Dreamweaver CS5 网页制作教程"进入学习教程，列表显示该网站提供的具体可选择学习的章节，如图 7-32 所示。

图 7-32　章节列表

（3）选择具体章节进入学习窗口，如图 7-33 所示。

图 7-33　学习窗口

（4）单击视频下方的"获取资料"按钮，注册学员可以获取课程相关资料，如图 7-34 所示。

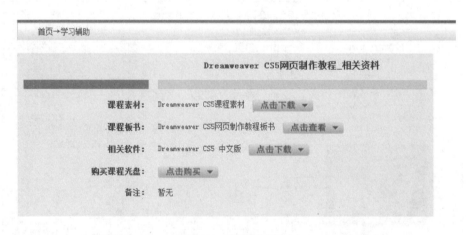

图 7-34　下载资源窗口

四、实践练习

1. 申请一个免费的电子邮箱。

2. 使用免费邮箱将 Word、Excel 的综合大作业发送给任课教师。

3. 使用"360 软件管家"下载一个视频播放软件。

五、实践思考

1．每次访问 Internet 时，如何避免重复输入密码？
2．为什么要把 E-mail 附件保存到磁盘中？
3．什么类型的文件可以作为 E-mail 附件？

参考文献

[1] 秦凯，张春芳，张宇. 计算机基础与应用实验指导[M]. 3 版. 北京：中国水利水电出版社，2018.

[2] 姚晓杰，黄海玉，张宇. 大学计算机信息素养基础实验指导[M]. 北京：中国水利水电出版社，2018.

[3] 张春芳，秦凯，张宇. 计算机基础与应用[M]. 3 版. 北京：中国水利水电出版社，2018.

[4] Office 培训工作室. PowerPoint 2016 幻灯片设计从入门到精通[M]. 北京：机械工业出版社，2016.

[5] 钱冬明，王娟，赵怡阳，等. 数字学习实用利器——Top100+工具[M]. 北京：清华大学出版社，2019.

[6] 龙马高新教育. 新手学电脑从入门到精通（Windows 10+Office 2016 版）[M]. 北京：北京大学出版社，2016.